高校计算机教学理论与实践路径

顾东虎◎著

中国原子能出版社

图书在版编目（CIP）数据

高校计算机教学理论与实践路径 / 顾东虎著. -- 北京 : 中国原子能出版社, 2024.1
ISBN 978-7-5221-3243-3

Ⅰ. ①高… Ⅱ. ①顾… Ⅲ. ①电子计算机一教学研究一高等学校 Ⅳ. ①TP3-42

中国国家版本馆CIP数据核字（2024）第006735号

高校计算机教学理论与实践路径

出版发行 中国原子能出版社（北京市海淀区阜成路43号 100048）
责任编辑 杨晓宇
责任印制 赵 明
印 刷 北京天恒嘉业印刷有限公司
经 销 全国新华书店
开 本 787㎜×1092㎜ 1/16
印 张 13
字 数 218千字
版 次 2024年1月第1版 2024年1月第1次印刷
书 号 ISBN 978-7-5221-3243-3 **定 价** 72.00元

前　言

计算机教育已经成为现代教育体系中不可或缺的一部分，而其发展过程又与计算机科技的发展历程、教育体系变化等多个方面紧密相关。计算机教育起源于20世纪60年代，当时计算机只是少数专业人士才能够使用的高科技产品，其应用范围也仅限于军事、科学等领域。直到20世纪70年代，随着微型计算机的出现，计算机逐渐开始普及，计算机教育也随之兴起。

20世纪80年代，计算机作为一种新的工具逐渐被引入学校，成为教育改革的重要工具。在这个时期，计算机教学主要以单纯的操作训练和编程训练为主，这些训练直接针对计算机技术的应用和程序设计。到了21世纪初，随着互联网技术的迅速发展，计算机教育也逐渐向互联网技术及其应用方向转变，计算机教育也因此发生了巨大的变化。网络教学、远程教育、在线学习等新型教育方式的出现，使计算机教育更加便捷和高效。

计算机技术与现代社会的发展密切相关，它不仅影响着我们的生活方式、工作方式，同时也为我们带来了全新的就业机会和职业发展方向。在这种背景下，计算机教育的重要性不言而喻。计算机教育可以培养学生的逻辑思维能力、抽象思维能力以及创新思维能力，有利于提升学生的综合素质和竞争力。随着计算机技术的不断升级和发展，计算机教育也应该与时俱进，涉及更多的领域和行业，为学生提供更多的学科知识和职业发展方向。

以应用为导向是计算机教学的一个重要发展原则。教育者需要以学生未来的就业和职业发展为出发点，注重培养学生的实际应用能力，在训练学生编程技能的同时也要注重实际应用场景的模拟和操作。

在计算机教学中，强化实践能力是至关重要的。完全依靠理论知识的学习是无法满足学生的需求的，学生只有通过实践操作才能深刻理解计算机技术的应用。

总之，计算机教育的发展历程和未来趋势都表明了它的重要性和不可替代性。通过持续创新和更新教育方式，计算机教育可以更好地服务于社会和学生，并为学生未来的就业和职业发展提供有力的支撑。

本书分为五章。第一章的主题是高校计算机教育教学概述，包括计算机的发展与基本知识、高校计算机教育发展概况、高校计算机教学现状三部分内容。第二章重点分析了高校计算机教学体系建设，分为四部分：高校计算机教学模式建设、高校计算机教学方法建设、高校计算机课程体系建设、高校计算机教学管理建设。第三章为高校计算机教学师资与教材建设，分为高校计算机教学师资建设、高校计算机教学教材建设两部分内容。第四章为高校计算机教学与大学生的创新能力培养，包括计算机教学创新能力基本概念及原则、高校计算机教学创新能力培养的可行性与影响因素、高校计算机教学学生创新能力培养策略三部分内容。第五章重点分析高校计算机教学革新途径，由三部分内容构成：基于人工智能的高校计算机教学革新、基于云计算的高校计算机教学革新、基于项目教学法的高校计算机教学革新。

在撰写本书的过程中，作者参考了大量的学术文献，得到了许多专家学者的帮助，在此表示真诚感谢。本书内容系统全面，论述条理清晰、深入浅出，但由于作者水平有限，书中难免有疏漏之处，希望广大同行批评指正。

目　录

第一章 高校计算机教育教学概述

掌握计算机相关基础知识是开展高校计算机教育教学的基础。本章的主题是高校计算机教育教学概述，主要从以下三个方面展开论述：计算机的发展与基本知识、高校计算机教育发展概况、高校计算机教学现状。

第一节 计算机的发展与基本知识

一、计算机的发展历程

计算机发展日新月异，从 1946 年第一台电子计算机诞生至今只有不到一百年的时间，计算机却经历了电子管、晶体管、集成电路、大规模集成电路、超大规模集成电路 5 代的变化，其影响遍及人类社会活动的各个领域。

（一）第一代电子管计算机

第一代计算机为电子管计算机，对应时间段为 1946—1957 年，以美国宾夕法尼亚大学莫尔学院电机工程系和阿伯丁弹道研究实验室 1946 年研制成的世界上第一台全自动通用型电子计算机 ENIAC（Electronic Numerical Integrator And Computer）作为始祖。该机重约 30 t，长达 30 m，占地 170 m^2，共用 18 000 个电子管、700 个电阻和 10 000 个电容器，每秒运算 5000 次，耗电 150 kW。建造该机的目的是计算炮弹及火箭、导弹武器的弹道轨迹。这个时期的电子计算机以电子管为主要元件，整机围绕中央处理器（CPU）设计，采用磁芯、磁鼓或延迟线作存储器，在软件方面主要使用机器语言和汇编语言，应用范围主要是科学计算，其缺点是造价高、体积大、耗能多、故障率高。

（二）第二代晶体管计算机

第二代计算机为晶体管计算机，对应时间段为 1958—1963 年。1947 年美国贝尔实验室研制出晶体管。1958 年美国麻省理工学院研制出晶体管计算机，揭开了第二代计算机的序幕。这个时期的计算机以晶体管为主要元件（晶体管的尺寸只有电子管尺寸的 1%，其寿命和性能却提高了一百倍），整机围绕存储器设计，采用磁芯作存储器。此时，计算机的速度已提高到每秒几十万次，内存容量也提高不少，机器造价变低、体积及重量变小、耗能变少；软件方面开始出现 FORTRAN 等高级程序设计语言，出现了多道程序的操作系统；应用范围已从军事转向民用，诸如工业、交通、商业和金融等方面。另外，计算机的实时控制在卫星、宇宙飞船、火箭的制导上发挥了关键的作用。这时的计算机已经能在工业自动控制和事务管理中发挥其效能。

（三）第三代集成电路计算机

第三代计算机为集成电路计算机，对应时间段为 1964—1970 年。1952 年 5 月英国雷达研究所提出了“集成电路”的设想，1956 年英国的福勒和赖斯发明了扩散工艺，1957 年英国普列斯公司与马尔维尔雷达研究所合作，在 6.3 mm × 6.3 mm × 3.15 mm 的硅片上制成了触发器。1958 年美国得克萨斯州仪器公司又研制出振荡器。在数字、模拟集成电路均已出现的背景下，1964 年美国国际商用机器公司（IBM 公司）推出了 IBM—360 型计算机，这标志着计算机跨入了第三代。这个时期的电子计算机以集成电路为主要元件（集成电路的尺寸只有晶体管尺寸的 1%），出现了大型主机终端的概念。这时的计算机速度已达到每秒亿次，在软件方面出现了实时操作系统和分时操作系统、文件系统。第三代计算机在运用上已和通信网络相结合，构成联机系统，并已实现远距离通信，使多用户可以使用同一台计算机。

（四）第四代大规模集成电路计算机

第四代计算机为大规模集成电路计算机，对应时间段为1971—1980年初。1967年大规模集成电路问世，1970年美国Intel公司实现了把逻辑电路集成在一块硅片上的设想，该公司在1.524 cm×2.032 cm的面积上摆下了2250个晶体管。1971年单片式的中央处理器（CPU）问世。1971年Intcl公司首次推出了微处理机MCS-4，这标志着第四代计算机的开始。1974年8位微处理器问世，1981年Intel公司推出了32位机。此时，计算机的发展开始向巨型化和微型化两极发展。这个时期的电子计算机的逻辑电路采用了大规模集成电路，其内存也采用集成电路。由于集成度更高，出现了微型机概念，其软件更加丰富，操作系统进一步强化和发展，进而出现了数据库系统。计算机的应用领域为飞机和航天器的设计、气象预报、核反应的安全分析、遗传工程、密码破译等，并开始走向家庭。

（五）第五代智能计算机

20世纪80年代以来，许多国家开始研制第五代智能计算机，这一代计算机可把信息存储、采集、处理、通信和人工智能密切结合在一起，能理解自然语言、声音、文字和图像，并具有推理、联想、学习和解释能力。它的系统结构将突破传统的冯·诺依曼计算机结构，实现高度的并行处理。

二、计算机基础知识

（一）计算机的数制与编码

1. 数制

（1）数制的定义

用一组固定的数字或字母和一套统一的规则来表示数目的方法叫作数制。计算机中常用的数制有十进制、二进制、八进制、十六进制。

（2）数制的三要素

数位、基数、位权。

①数位

数位是指数码在一个数中所处的位置。

②基数

在某种进位计数制中，每个数位上能使用的数码个数被称为这种进位制的基数。例如：十进制的基数是 10，分别有 0、1、2、3、4、5、6、7、8、9 十种数码；十六进制的基数是 16，分别是 0、1、2、3、4、5、6、7、8、9、A、B、C、D、E、F 共 16 种数码。

③位权

在某种进位计数制中，每个数位上数码所代表的数值的大小等于它在这个数位上的数码乘上一个固定的值，这个固定的值就是这种进位计数在该数位上的位权。任何一种进制的每位上的位权是它们规定的：从小数点开始往左的位权分别是该种进制的基数的 0 次幂、1 次幂、2 次幂……从小数点开始往右的位权分别是该种进制的基数的 1 次幂、2 次幂……

（3）数制的表示方法（两种方法）

方法一：将数用圆括号括起来，并将其数制的基数写在右下角标。例如：（1011）2、（275）8、（256）10、（C3F9）16 等。

方法二：在数字后加上一个英文字母表示该数所用的数制。十进制用 D、二进制用 B、八进制用 O、十六进制用 H，其中十进制可以省略不写。例如：45D、1010B、174O、A8FH 等。

（4）数制转换

①二进制数、八进制数、十六进制数到十进制数的转换。

方法：把每一位上的数码乘上该数位的位权，然后求和。

②十进制数到二进制数、八进制数、十六进制数的转换。

方法：这种进制的数转换成其他进制时，我们需要区分整数和小数。整数部分使用“除 N 取余法”，小数部分使用“乘 N 取整法”（其中 N 是该进制数的基数）。

③二进制数到八进制数、十六进制数的转换。

方法：以小数点为分界，将向左或向右用每 3（4）位二进制数表示为一位八（十六）进制数。

④八进制数、十六进制数到二进制数的转换。

方法：以小数点为分界，向左或向左把每一位八（十六）进制数表示为 3（4）位进制数。（表 1-1-1、表 1-1-2）

表 1-1-1　二进制数与八进制数对应表

二进制	000	001	010	011	100	101	110	111
八进制	0	1	2	3	4	5	6	7

表 1-1-2　二进制数与十六进制数对应表

二进制	0000	0001	0010	0011	0100	0101	0110	0111
十六进制	0	1	2	3	4	5	6	7
二进制	1000	1001	1010	1011	11010	1101	1110	1111
十六进制	8	9	A	B	C	D	E	F

2. 字符编码

大千世界包含着各式各样的信息，而计算机只认识“0”和“1”两个数字。要使计算机能处理这些信息，我们必须将各类信息转换成用“0”与“1”表示的代码，这一过程称作编码。经编码以后产生的“0”“1”代码，便被称为该对应信息的数据。计算机处理的数据除了数值数据以外，还包括字母、数字、符号、逻辑值、图像、图形、语言、声音等非数值信息。

（1）西文字符编码

① ASCII 码

美国国家标准信息交换码（American national Standard Code for Information Interchange）是目前国际上使用最广泛的字符编码。ASCII 码采用 7 位二进制编码。7 位编码的 ASCII 码字符集包含 128（27）个字符。

例如：A 的 ASCII 码为 1000001B，a 的 ASCII 码为 1100001B，两者相差为 a–A=100000B=32D。

在字符 ASCII 编码中，数值从小到大的顺序：数字最小<大写字母<小写字母。

② EBCDIC 码

扩充的二十进制交换码（Extended Binary Coded Decimal Interchange Code）。EBCDIC 码采用 8 位二进制码，共有 256 个编码状态。

（2）汉字编码

汉字是世界上使用人口最多的文字，是联合国工作语言之一。解决计算机的汉字处理技术，对推广中国计算机应用及加强国际交流有着十分重要的现实意义。

在汉字信息处理系统中，存在输入码、交换码、内部码、字形码四种编码。

①输入码

输入汉字的输入码有数字编码、拼音码、字形码和音形码。其中，目前应用最广泛的是拼音码和字形码。

②交换码（国标码 GB 2312—80）

交换码用于汉字外码和内码的交换。

③内部码

计算机内的基本表示形式，是计算机对汉字进行识别、储存、处理和传输所用的编码。内部码是双字节编码，两字节的最高位都为“1”。

④字形码

字形码表示汉字字型信息的编码，用来实现计算机对汉字的输出。

（3）数据存储基本单位

①位

位指二进制数的一位，即 0、1，单位是 bit，简写为 b。位是计算机中数据的最小单位，也是计算机存储数据的最小单位。

②字节

8 个二进制位组成一个字节，字节的单位是 Byte，简写为 B。字节是计算机中数据存储的基本单位。

1 Byte=8 bit，1 kB=1024 Byte（字节）=8 × 1024 bit

1 MB=1024 kB，1 GB=1024 MB，1 TB=1024 GB

③字长

字长指计算机处理数据时，一次所能够存取、运算、传递的二进制数据的长度，其单位是 Word，简写为 W。

④字

将一串数码当作一个整体来处理、计算，称为字。它常为字节的若干倍。

（二）计算机系统的组成

计算机系统包括硬件系统和软件系统。硬件是指物理设备，软件是指程序以及开发、使用和维护程序所需的各种文档。

1. 硬件系统

计算机的硬件系统由运算器（ALU）、控制器（CU）、存储器（Memory）、输入设备和输出设备等基本部分组成。

（1）中央处理器

中央处理器简称 CPU（Central Processing Unit），主要由控制器和运算器组成，通常集成在一块芯片上，是计算机系统的核心设备。微型计算机的中央处理器又被称为微处理器。

①制器

控制器是能对输入的指令进行分析，并能统一控制计算机的各个部件完成一定任务的部件。

②算器

运算器又称算术逻辑单元。运算器的主要任务是执行各种算术运算和逻辑运算。

CPU 的时钟频率决定运算速度，字长决定计算精度。

CPU 的参数：主频、外频、倍频系数、位和字长、缓存、封装形式、多核心。

（2）内存储器

内存储器用于存放执行中的程序和处理中的数据，它包括随机存储器和只读存储器。

①机存储器

随机存储器简称 RAM，它既可以读也可以写，但断电后存储的内容立即消失。它存储的是执行中的程序和处理中的结果。RAM 可分为动态（Dynamic RAM 用于内存条）和静态（Static RAM 用于高速缓冲存储器 Cashe）两大类。

②读存储器

只读存储器简称 ROM，它只能读出原有内容，不能由用户再写入新的内容，一般用于存放计算机的基本输入 / 输出程序和系统重要信息。所有这些信息都是生产厂商一次写入的。

③速缓冲存储器（Cache）

高速缓冲存储器能实现高速 CPU 与低速内存的数据缓冲，减少 CPU 的等待时间。

（3）BIOS 和 CMOS

① BIOS

它保存着最重要的基本输入 / 输出的程序、系统设置信息、开机后自检程序和系统自启动程序，其主要功能是为计算机提供最底层、最直接的硬件设置和控制。它是一块可读写的 ROM 芯片。

③ CMOS

它用来保存系统在 BIOS 中设定的硬件配置和操作人员对某些参数的设定，如计算机基本启动信息（日期、时间、启动设置）。它是一块 RAM 芯片。

（4）外存储器

外存储器存储的是需要长期保存的原始程序、数据和运算结果，断电后信息不丢失。例如：磁盘、移动磁盘、U 盘、存储卡、光盘、磁带等。

特点：存储容量大、速度慢、价格低、断电信息不丢失。

（5）输入 / 输出设备

①输入设备

输入设备用来接收用户输入的原始数据和程序（或将外部信息如文字、数字、声音、图像、程序等转换为数据输入到计算机中进行处理）。常用的输入设备包括键盘、鼠标、扫描仪、光笔等。

②输出设备

输出设备用于将存放在内存中的由计算机处理的结果以人们所能接受的形式输出。常用的输出设备有显示器、打印机、绘图仪等。

2. 软件系统

（1）系统软件

系统软件是计算机必须具备的，用以实现计算机系统的管理、控制、运行、维护，以及完成应用程序的装入、编译等任务的程序，如操作系统、编译程序、数据库管理程序等。操作系统（Operating System）是能使计算机更方便、高效、高速地运行而配置的一种系统软件。操作系统可以被看作是用户与计算机的接口（Interface），用户可以通过操作系统来使用计算机。常见的操作系统有 Windows、UNIX 和 Linux 系统。

操作系统的主要功能如下。

① CPU 管理

当多个程序同时运行时，操作系统能解决处理器（CPU）时间的分配问题。

②作业运行控制

作业指完成某个独立任务的程序及其所需的数据。作业管理的任务主要是为用户提供一个使用计算机的界面，使之方便地运行自己的作业，并对所有进入系统的作业进行调度和控制，尽可能高效地利用整个系统的资源。

③文件管理

操作系统主要负责整个文件系统的运行，包括文件的存储、检索、共享和保护，能为用户操作文件提供接口。

④储器管理

操作系统能为每个应用程序提供存储空间的分配和应用程序之间的协调，保证每个应用程序在各自的地址空间里运行。

⑤输入输出控制

操作系统能协调、控制计算机和外部设备之间的输入、输出的数据。

此外，操作系统还能完成如中断（Interrupt）管理、安全控制、网络通信等各种系统管理工作。

（2）应用软件

应用软件是解决计算机应用中的各种实际问题而编制的程序，它包括商品化的通用软件和实用软件，也包括用户自己编制的各种程序。

随着软件产业的飞速发展，应用软件不断推陈出新，数量繁多，较著名的有 Microsoft Word 文字处理系统、Microsoft Excel 电子表格处理系统、AutoCAD 计算机辅助绘图系统、Norton 系列的工具软件等。

从原则上说，计算机硬件系统的功能和软件系统的功能在逻辑上是等效的，也就是说，由软件实现的操作，在原理上也可以由硬件来实现。如计算机中的乘、除及浮点数运算可以用软件来实现，也可以用硬件乘法器、除法器及浮点处理器来实现。当然，硬件比软件实现速度要快得多。

（三）计算机病毒简介及其预防

1. 计算机病毒的定义、特征

（1）定义

计算机病毒是指在计算机程序中插入的破坏计算机功能或者毁坏数据、影响计算机使用，并能自我复制的一组计算机指令或者程序代码。

（2）特征

程序性、传染性、潜伏性、可触发性、破坏性、隐蔽性等。

2. 计算机病毒的结构、分类

（1）计算机病毒的结构

传染模块；表现或破坏模块；触发或引导模块。

（2）计算机病毒的分类

①按入侵方式分类

原码型病毒、嵌入型病毒、外壳型病毒、操作系统病毒。

②按计算机病毒的寄生部位或传染对象分类

引导扇区型病毒、文件型病毒、混合型病毒。

3. 计算机病毒的危害、预防

（1）计算机病毒的危害

直接破坏计算机数据信息；占用磁盘空间和对信息进行破坏；抢占系统资源、影响计算机运行速度；等等。

（2）计算机病毒的预防

计算机病毒预防是指在病毒尚未入侵或刚刚入侵时就拦截、阻击病毒的入侵或立即报警，主要有 3 种方法。

方法一：使用防病毒软件，如卡巴斯基、瑞星、金山毒霸、诺顿等。

方法二：资料定期备份，以免重要数据文件遭受病毒危害后无法恢复。

方法三：慎用网上下载的软件。因特网是病毒传播的一大途径，我们对网上下载的软件最好检测后再使用，也不要随便阅览陌生人发送的电子邮件。

预防病毒的措施如下：

专机专用；使用正版软件；慎用外来软件和移动存储器，用前查杀；安装防火墙和杀毒软件；及时对系统打补丁；定期对数据备份；不上来历不明的网站；使用复杂的密码。

（四）计算机网络

1. 计算机网络基础

计算机网络可以把地理位置不同、功能独立的计算机系统以通信线路和通信介质按照一定的拓扑结构互联起来，使用统一的网络协议进行数据通信，能够实现硬件及软件资源共享和数据通信的计算机系统的集合。

计算机网络是通信技术和计算机技术结合的产物，网络中的计算机之间可以通过计算机网络快速进行通信，也可以交换彼此所拥有的资料和共用设备。因此，计算机网络主要有资源共享和数据通信两大功能。

（1）资源共享

利用计算机网络，我们可以在全网范围内共享硬件和软件资源，如共享打印机，通过访问网络中的文件服务器，共享上面丰富的软件资源和数据资源等。这样既可节约硬件成本，又可达到资源共享的目的。资源共享能避免重复投资和劳动、提高资源的利用率。

（2）数据通信

计算机网络的数据通信功能使网络上的用户可以交换信息，忽略彼此之间的物理距离。随着因特网在世界各地的普及，从网络上获取信息已经是很多人的习惯。人们可以利用网络进行信息搜索、上传和下载各种系统软件和应用软件、进行电子邮件收发。网上电话、视频会议等各种通信方式也正在迅速发展。传统的电话、电报、邮政通信方式，电视、报纸和杂志等出版物正在经受巨大的冲击。

2. 常见的网络拓扑结构

计算机网络总是按照一定的组织结构来进行综合布线，为了描述计算机网络的结构，人们通常把拓扑学中的几何图形应用在计算机网络中，并将网络中的计算机和通信设备抽象成结点，将结点与结点之间的通信线路抽象成链路，这样，人们便可以将计算机网络描述成由点和线组成的图形，这种几何图形就是计算机网络拓扑结构。计算机网络拓扑结构中最典型的拓扑结构有总线形、星形、环形和树形几种。

（1）总线形拓扑结构

在总线形拓扑结构中，局域网中的节点都能通过自己的网卡直接接入到一条公共传输介质上，并利用此公共传输介质来完成节点之间的通信。节点之间可共享传输介质，当一个节点向总线上发送数据时，其他节点都可以收到数据。当两个节点同时利用通信介质发送数据时，通信节点可使用 CSMA/CD（载波监听 / 冲突检测）的方法来进行碰撞检测，一旦发生冲突，则数据发送不成功，发送方要执行退避算法，退避一段随机时间后再次重新发送数据。在总线形拓扑结构中，总线两端有匹配电阻，匹配电阻可以吸收在总线上传播的电磁信号的能量，避免总线上产生有害的电磁波反射。（图 1-1-1）

总线形拓扑结构的特点是结构简单、经济，但是由于所有节点在同一线路中通信，如有线路的故障会导致整个网络的瘫痪，因此总线形拓扑结构不易被扩充、维护，所以总线形网络适用于小型网络，对于具有网络需求的小型办公室环境来说，它是一种成熟的、经济的解决方案。目前在局域网市场上占据了绝对优势的以太网技术，最早期的时候使用的就是具有总线形拓扑结构和 CSMA/CD（载波监听 / 冲突检测）协议的总线形网络，随着集线器等设备的出现，它已经逐渐演变为星形网络。

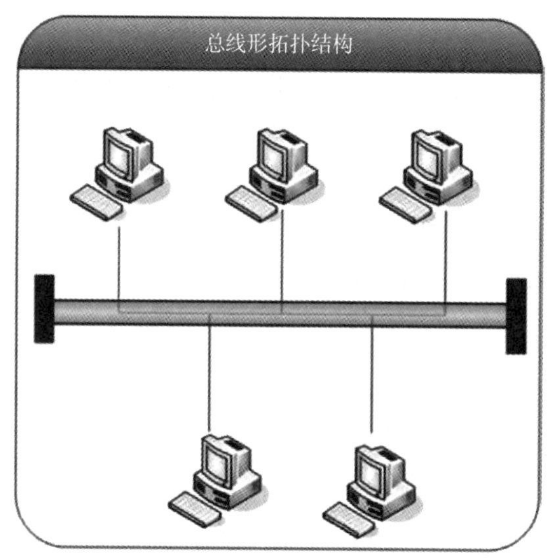

图 1-1-1　总线形拓扑结构

（2）星形拓扑结构

随着集线器、网桥、交换机等网络设备的出现，总线形的网络逐步演进为星形拓扑结构的网络。在星形拓扑结构中，网络中的各节点均可连接到一个中心设备（如交换机或集线器）上，网络上各节点的通信必须通过中央节点才能实现。

星形拓扑结构线路结构简单灵活，在组建网络时，易安装、易扩充、易维护，对于大型网络的维护和调试比较方便，对电缆的安装和检验也相对容易，而且星形拓扑结构便于控制和管理。此外，由于所有工作站都与中心集线器相连接，我们在星形拓扑结构中移动某个工作站不会影响其他用户使用网络，这也使星形拓扑结构使用起来非常灵活。在目前局域网布网中，星形网络拓扑结构是使用最普遍的一种拓扑结构。（图 1-1-2）

在星形拓扑结构中，由于通信必须经过中央节点，中央节点负担较重，对中心设备的要求较高，一旦中心设备出现问题或者性能稍差，容易形成系统的“瓶颈”。此外，星形拓扑结构的线路的利用率也不是很高。

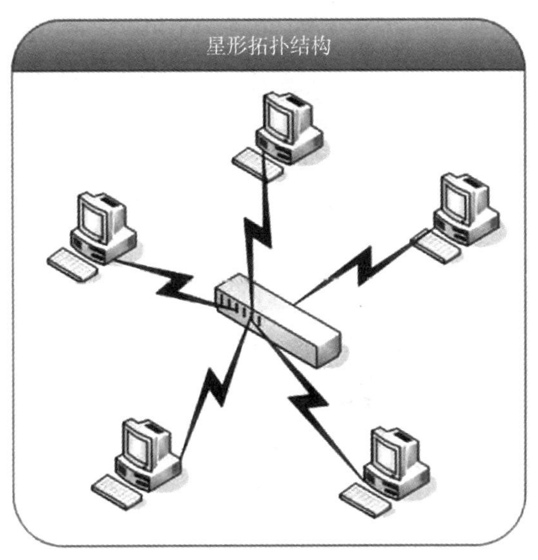

图 1–1–2　星形拓扑结构

（3）环形拓扑结构

环形拓扑结构由各节点首尾相连形成一个闭合环形线路，我们将总线形拓扑结构的两端相连就可以形成一个环形拓扑结构。环形网络中各节点通过中继器连接到环上，中继器用来接收、放大和发送信号。任意两个节点之间的通信必须通过环路，数据在环上是单向传输的。环形结构有两种类型，即单环结构和双环结构。令牌环（Token Ring）是单环结构的典型代表，光纤分布式数据接口（FDDI）是双环结构的典型代表。（图 1-1-3）

环形拓扑结构的特点是传输速率高、传输距离远。在环形拓扑结构的网络中，信息在网络中沿环单向传递，延迟固定，因此传输信息的时间是固定的，从而便于实时控制，被广泛应用在分布式处理；环形拓扑结构中两个节点之间仅有唯一途径，这简化了用户的路径选择。环形拓扑结构的缺点是某段链路或某个中继器的故障会使全网不能工作，可靠性差，且故障检测困难；另外，由于环路封闭，环形拓扑结构不利于扩充网络，而且参与令牌传递的工作站越多，响应时间也就越长。

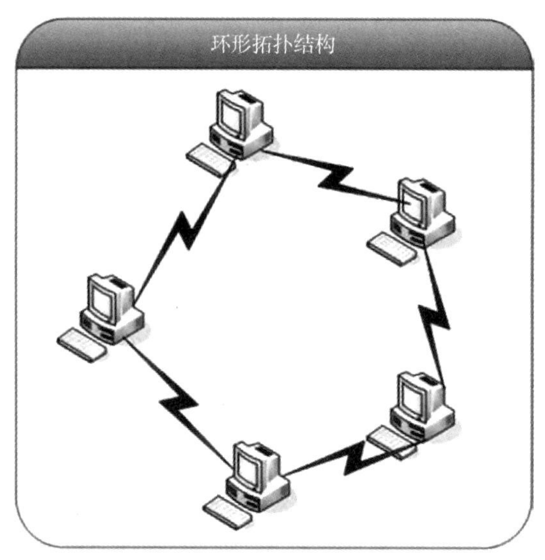

图 1–1–3 环形拓扑结构

（4）树形

通过交换机或者集线器，将星形拓扑结构网络中的中心节点连接起来，从而形成“一棵树”，这种结构被称为树形拓扑结构。树形拓扑结构是一种分级结构，在树形结构的网络中，任意两个节点之间不产生回路，每条通路都支持双向传输。（图 1-1-4）

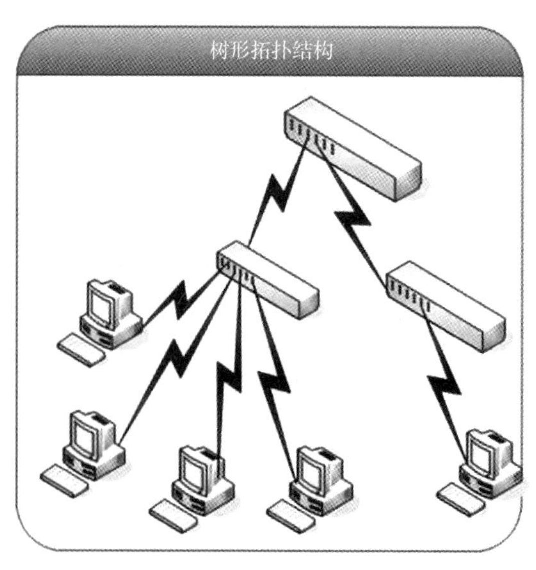

图 1–1–4 树形拓扑结构

第二节　高校计算机教育发展概况

一、高校计算机教育的发展历程

高等院校计算机基础教育始于20世纪70年代末，在近60年的时间里经历了起步、发展和普及三个阶段，伴随着中国出现的三次计算机普及高潮，教育人士成功地进行了两次深入的教学改革。

（一）起步阶段

20世纪70年代末，中国进行改革开放，先进的技术和方法不断涌入国内，学习和使用计算机成为各行各业迫切需要。当时国外很多国家已在全社会普及计算机的应用，而在中国，只有计算机专业学生在学习计算机课程，大部分大学毕业生仍然是计算机盲。在这样的形势下，部分高等院校率先开始对大学教师进行知识更新与业务培训（外语和计算机），其后许多理工类大学陆续开设了面向非计算机专业大学生的计算机课程，开启了计算机基础教育的起步阶段。伴随着IBM、PC以及与之配套的DOS操作系统、适合PC的BASIC语言和dBASE数据库等的出现，我国掀起了第一轮计算机基础的学习热潮。早期的计算机基础教学主要介绍计算机的发展简史、硬件基础知识和算法语言（ALGOL、FORTRAN和BASIC）等，高等院校广大非计算机专业学生（特别是工科）、部分科技和管理人员以及部分大城市的大学生是主要的学习对象。可以看到，在此阶段，是应用需求推动了计算机教育在全国的普及。

1984年2月，邓小平同志在上海展览厅观看青少年计算机操作表演时，发出“计算机的普及要从娃娃抓起”的号召[①]。同年10月，我国诞生了全国高等院校计算机基础教育研究会（简称“研究会”），它以研究和推动非计算机专业的计算机

① 华南.计算机普及要从娃娃抓起：邓小平寄语青少年科技创新[J].中华儿女，2014（16）：26-28.

教育为己任。研究会的成立宣告中国有了专门研究和推动高等院校计算机基础教育的学术组织。

1985 年，研究会在全国首次提出了贯穿大学 4 年的“四个层次”教学体系，全面规划了高等院校计算机基础课程。这个教学体系成为当时大多数高等院校的计算机基础课程设置依据。（表 1-2-1）

表 1-2-1　高等院校计算机基础教育的四个层次

第一层次	计算机基础知识和微机系统的操作应用
第二层次	高级语言程序设计
第三层次	软硬件知识进阶
第四层次	结合各专业的计算机应用课程

1986 年 4 月，教育部在北京香山成立了“高等院校非计算机专业计算机课程教材评审组”，我国正式开启了高等院校计算机基础课程教材的编写和出版工作。

首届国际信息学奥林匹克竞赛（International Olympiad in Informatics，IOI）于 1989 年在保加利亚首都索非亚举行，中国从首届开始，参加了迄今为止的全部比赛，取得了优异的成绩。

这一阶段是中国计算机普及意识的觉醒时期，处于探索阶段。社会各界的迫切需求和积极参与是计算机普及的不竭动力，各类计算机教育相关团体的涌现也为计算机教育发展走上正轨贡献了力量。

（二）普及阶段

这一阶段的计算机软硬件都有了重大突破，奔腾系列芯片的诞生，基于图形化的操作系统和应用软件的开发，以因特网为代表的网络技术的应用，使计算机成为便于人们使用也更加实用的工具，全社会开始了新一轮的计算机普及与应用高潮。计算机基础教育渐渐由工科扩展到了理科，进而发展到了经济、农业、师范等各个专业，同时计算机也走出了高等院校和科研院所，走进了企业管理人员、公务员等群体之中。

国家开始重视计算机基础教育的发展，国家教育委员会（简称“国家教委”）在 1990 年年初建议成立非计算机专业的计算机课程指导委员会。同年 12 月，我国成立了工科计算机基础课程教学指导委员会。1995 年成立了文科计算机教育指导小组。1992 年，研究会在国家教委的支持下正式注册为具有法人资格的全国性的一级学术团体。1993 年，国家教委考试中心开始组织《全国计算机等级考试大纲》的编写工作，同年 12 月考试大纲及题型示例通知基本定稿，次年 11 月全国计算机等级考试（National Computer Rank Examination，NCRE）首次在全国 17 个城市进行笔试，这宣告了中国首个面向全社会非计算机专业人士的计算机应用知识与技能水平考试体系建成。1996 年，为了科学、系统地培养应用型信息技术人才，国家教委考试中心正式发布了全国计算机应用技术证书考试（National Applied Information Technology Certificate，NIT）及其教材。同期，研究会迅速发展壮大，机电专业、财经管理专业、医学专业等专业委员会陆续成立，全国各地的计算机基础教育研究会也顺势而起，为计算机教师提供了交流切磋的平台，为高等院校计算机基础教育的发展作出了极大的贡献。

1997 年，教育部高教司发布了《加强非计算机专业计算机基础教学工作的几点意见》（即 155 号文件），确立了计算机基础教学的“计算机文化基础、计算机技术基础、计算机应用基础”三个层次的课程体系，同时规划了“计算机文化基础”“程序设计语言”“计算机软件技术基础”“计算机硬件技术基础”和“数据库应用基础”五门课程及教学基本要求。这份纲领性文件，引导了中国计算机基础教育的第一次教学改革，明确了计算机基础教学的改革重点是课程体系、教学内容和教学方法。

与上一阶段有所不同的是，这一阶段计算机基础教育有了三方面的进步：首先，经过多年的实践探索，计算机基础教育的教学内容和教学体系逐渐成熟，从过去的四个层次到三个层次，并且课程按专业分类，更加具有针对性，其普及对象不断扩大，在教学内容上也更加贴近学习者的需求，在程序设计之外更为凸显计算机基本知识的重要性；其次，多媒体技术、计算机辅助教学（CAI）等技术走进千万课堂，冲击和改变着传统的教学模式，也深刻地影响着计算机基础教育的发展；最后，在 20 世纪 90 年代末期至 21 世纪初期，在北京香山举行的全国少儿 NIT 教学与考试研讨会，以及面向全国观众播放的《计算机应用软件电视讲座》和《迎接新世纪——计算机新技术技能培训电视讲座》，进一步推动了计算机基础教育在全社会的普及。

（三）成熟阶段

21 世纪之初，中国承办了第十二届国际信息学奥林匹克竞赛，这再次激起了全社会，特别是青少年学习现代科学技术的热情。这一阶段，全社会都强烈意识到信息技术改变了人类的生活和生产方式，计算机基础教育由此进入蓬勃发展阶段。

2006 年 5 月，教育部高教司和教育部高等学校计算机基础课程教学指导委员会（简称“教指委”）发布了《关于进一步加强高校计算机基础教学的意见暨计算机基础课程教学基本要求》（俗称“白皮书”）。白皮书的发布开启了中国计算机基础教育的第二次教学改革，它明确提出了要进一步加强计算机基础教学的若干建议，确立了“4 领域 ×3 层次”计算机基础教学知识结构的总体构架，构建了“l+N”的课程设置方案（1 指第一门课程,N 指若干门后续核心课程），并将“大学计算机基础”作为第一门课，同时设置了 6 门典型核心课程。此项改革促进了计算机基础教学不断向科学、规范、成熟的方向发展。2009 年，教指委又在此基础上出版了《高等学校计算机基础教学发展战略研究报告暨计算机基础课程教学基本要求》，进一步完善了计算机基础教学的知识结构和课程设置方案，并设置了各专业大类核心课程的教学基本要求，进一步加强了对全国高等院校计算机基础教学的指导作用[①]。

① 孙爽滋，王艳春，孙昉．大学计算机公共基础实践教学的改革与探索 [J]. 重庆与世界（学术版），2014（1）：78-80.

2022 年 7 月 22 日，由中国计算机学会（CCF）主办，苏州大学、苏州科技大学、苏州城市学院、上海师范大学、浙江工商大学联合承办的 2022CCF 未来计算机教育峰会（FCES 2022）召开。共有来自全国近百所高校科研机构和企业的 60 多位专家学者、政府领导和多家企业代表，以及 300 多位现场观众齐聚苏州，共话中国计算机教育的未来。本次峰会以“支撑科技自立自强的教育体系”为主题，从核心课程、校企合作、竞赛、学科交叉、教育碎片化、科研和教育融合、数字化转型、国际化等视角，探讨了具有科研能力、工程能力的创新型人才培养所面临的问题和挑战，并通过研讨分析问题本质，给出解决问题的思路，推动了计算机教育的进步。

2023 年 7 月 12 日，来自全国各地的 300 多位高校计算机院长、系主任、学科带头人以及 700 多位高校计算机相关专业骨干教师齐聚厦门，聚焦新时代计算机高等教育工作，并分享观点、交流经验。当天，为期三天的 2023 中国高校计算机教育大会在厦门启幕。本次大会由 CCF 教育专业委员会、全国高等学校计算机教育研究会、教育部高等学校计算机类专业教学指导委员会承办。开幕式上，包括中国科学院院士、国防科技大学教授王怀民，中国工程院院士、清华大学教授郑纬民在内的多位重量级嘉宾做了主题报告。嘉宾们指出，要切实发挥好高等教育在教育强国建设中的龙头作用，全面提高计算机人才自主培养质量，着力培养卓越创新人才。

人工智能、量子计算等数字技术的发展日新月异，这对计算机高等教育工作提出了更高的要求。全国高等学校计算机教育研究会理事长、武汉大学计算机学院教授何炎祥表示，新技术正影响并重塑计算机教育，学校、教师、企业等各方应形成合力，紧跟时代步伐，深化产教融合，促进教育链、人才链与产业链、创新链的有机衔接，培养符合社会发展和市场需求的新型实用人才[①]。

第三次计算机普及浪潮伴随着第二次计算机基础教育教学改革，以网络和信

① 集美大学计算机工程学院 . 我校承办第四届中国计算机教育大会 [J]. 集美大学学报（自然科学版），2023（3）：61.

息技术为突破口，向一切有文化的人普及计算机的知识和应用。该阶段比上一阶段有所提高的方面主要体现在两点：一是由于社会迫切要求提高学生利用信息技术解决专业领域问题的能力，计算机基础教育逐渐同其他各个学科专业交叉融合；二是计算机基础教育在高等院校的地位得到了巩固，许多院校纷纷成立了计算机基础教学部，改善了教学条件并稳定了师资队伍，提高了教学质量。

如上所述，计算机基础教育的每一次教学改革，都伴随着人们意识的提高、技术的发展和社会需求的扩展，经历了计算机基础教育发展的三个历史阶段。

二、高校计算机教育深化改革方向

（一）构建新的教育课程体系

高等教育涵盖多种学科，每一门学科之间都各不相同，这就决定了计算机基础教学的开展也要具体情况具体分析，而不是一概而论。所有学科都采用统一的教学大纲和教学目标，这是行不通的，相关人士要根据不同学科和专业的需求制定个性化的教学大纲。由于不同高校对计算机课程的需求和办学层次不同，目前标准化的计算机基础教学课程已经不能满足时代和各个高校的发展要求。高校应根据自身情况制订针对不同人才的培养目标，根据需求设计计算机课程，以培养不同类型的人才。根据学生不同学习阶段、培养目标和专业方向的需求，各个高校需要量身定制计算机基础课程的架构。为了帮助高校非计算机专业的学生更好地掌握计算机基础知识，教育部高等教育学校非计算机专业计算机基础课程教学指导委员会对计算机教学内容进行了分类。这门课程被归为四个领域和三个层次，其中包括计算机系统与平台、计算机程序设计基础、数据分析与信息处理和信息系统开发。在不同的学科领域中，教师会讲解相关的核心概念、技术和方法，同时还会针对非计算机专业的学生开展三个层次的基本应用技能教学，以帮助他们掌握和应用这些技能。

（二）重视高素质师资队伍建设

随着社会对大学毕业生的要求不断提高，同时也伴随着信息技术的迅速发展，计算机基础教育的教师需要更加深入地了解计算机专业知识，掌握实践经验。因此，高校在建设和开展高水平的计算机基础教育课程时需要非常重视培养高质量的教师团队。为促进计算机基础教学的教师达到教学要求，高校可从以下方面进行改进：首先，优先考虑具备高学历的青年教师，提升教师队伍的素质水平。其次，提高在职教师的专业水平。为了不断扩展计算机专业教师的视野和更新知识，高校应该积极推动和组织在职教师参与科研和应用系统开发项目，并为相关教师提供业务培训和实地考察的机会。最后，高校可以将计算机专业教育教师、计算机基础教育教师和各应用专业教师整合到一个团队中，建立跨领域的合作机制，以更好地了解各个专业的需求，从而为学生提供更加高质量的计算机基础教学课程。

（三）加强教学环境建设

在计算机基础教学中，教育的手段和方法在不断革新，已从以前的“黑板＋粉笔”教学发展到如今的“网络化教学平台”。校园网支持下的网络化教学平台是一种现代化教学环境，能够为学生创造理想的数字化学习空间，提倡学生进行研究式、案例式、发现式、资源型、协作型等多种学习方式，这对于培养学生的创新能力和个性化发展非常有益。

第三节　高校计算机教学现状

一、高校计算机基础教学现状

（一）计算机课程内容更新速度过快

目前，计算机技术的发展日新月异，高校计算机教学内容的更新换代速度也越来越快，相关教学变得更加丰富实用。然而，这门课的教学课时未跟上更新速度，教师的任务量大大增加，致使教学质量受到影响。同时，计算机课程更新速度快，与其他相关专业课程融合困难，地区间教育资源投入不均衡，导致学生计算机水平差异较大。

（二）计算机教师缺乏多元化的教学手段

高校的计算机课程教学主要由理论知识和实践操作两部分组成。在理论教学中，一些教师仍然采用传统的灌输式授课方式，导致学生参与度低，互动匮乏，学生缺乏主动思考和独立思考能力。传统的经验教学方式已经不再适应如今的教学需求，然而教师却未能将教学内容加以创新，从而导致学生的学习热情降低，其综合素质的培养也难以实现。

（三）计算机理论教学与实践教学缺乏紧密联系

当前在许多高校中，计算机理论教学和实践教学之间缺少密切的联系，从而出现了理论与实际操作相脱节的状况。将理论知识付诸实践，有助于学生更全面地理解和熟练掌握相关内容。因此，将理论与实践教学有机结合，可帮助学生构建更完善的计算机基础知识架构，能够提高他们的实际应用能力。此外，很多大学设置的基础计算机课程缺乏实际应用的验证，这导致实践教学的有效性难以保证，同时也影响了学生综合素质的培养。

二、高校计算机专业教学现状

（一）教学方式方法陈旧

目前，高校计算机专业的教学方式缺乏创新，难以满足学生和社会的实际需求。部分教师的专业素养仍有待提升，缺乏根据实际情况改进教学方式的能力，偏重传统理论教学而忽视实践能力培养。教材编写不合理也影响了教学计划的制订，导致学生缺乏应对现实问题的能力和竞争优势。

（二）课程设置及教材的选择欠合理

目前我国高校在设计计算机课程结构时存在一些问题，那就是关于计算机基础知识的教授比较少，课程设置和教材选择不合理，学生缺乏基础知识，难以在理论指导下进行实践，教材内容要么过浅，要么过深，且没有结合社会发展的实际需求，这些都影响了教学效果和学生学习积极性。

（三）师资队伍水平偏低

高校计算机专业教学师资队伍水平偏低，教学设备落后。教学设备部分配置落后，无法支持最新软件，且数量不足；师资队伍专业素养不够高，无法积极开展教学改革和提供高质量的实践指导。

第二章　高校计算机教学体系建设

本章将围绕高校计算机教学体系建设这一主题展开论述，包括四部分内容：高校计算机教学模式建设、高校计算机教学方法建设、高校计算机课程体系建设、高校计算机教学管理建设。

第一节　高校计算机教学模式建设

如今我们生活在信息化社会中，信息技术得到迅猛发展，几乎所有领域都需要计算机相关产业的参与，这也为那些具备软、硬件方面技能的人才提供了许多就业机会。高校教育在培养学生成才时也意识到了这一点，因此为计算机专业学生提供了许多相关的培训。随着社会的不断发展，计算机行业对人才的要求也越来越高。因此，本部分将针对高校计算机基础教育的教学模式进行深入研究。

一、Webquest 教学模式

（一）Webquest 教学模式简介

1. 基本概念

Webquest 是一种课程计划，于 1995 年由美国圣地亚哥州立大学的伯尼・道奇（Bernie Dodge）等人开发。“Web”是“网络”的意思，“quest”指的是“寻求”“调查”，“Webquest”是指一种利用网络进行学习和探索的活动，旨在鼓励学生主动寻求知识、提高学生的学习兴趣和能力。在汉语中尚未出现一个能够完全与“Webquest”相对应的词汇。Webquest 是一种“专题调查”活动，学习者可以利用互联网上的资源与信息来完成任务。根据这一含义，可以把它翻译为“网络专题调查”。

Webquest 是传统课堂过渡到新型课堂的桥梁，学生们由传统课堂中的接受式学习方式转变为开放式学习，这能促进学生主动学习、自主探究。

2. 分类

以完成任务所需要的时间长短为标准，可以将 Webquest 分为长、短两个周期。短周期的 Webquest 教学通常需要 1～3 个课时，主要是帮助学生掌握并熟练运用所学知识；通常情况下，长周期的 Webquest 要求学习者花费一周至一个月的时间进行学习，旨在扩展和深化知识，并帮助学习者深入分析“知识体”，学会将它们运用到实际场景中，并以相应形式呈现自己对知识的理解。

3. 组成

无论是长周期的 Webquest 教学还是短周期的教学，都是由六个主要模块构成的：绪言（Introduction）、任务（Task）、过程（Process）、资源（Resources）、评估（Evaluation）和结论（Conclusion）。有了这几个模块的帮助，学生可以明确学习目标，快速获取学习资源，使学习方法更加多元化。

（1）绪言

“绪言”部分主要达到两个目的：第一，给学习者指明学习方向；第二，运用各种手段来激发学习者的学习兴趣。通常情况下，针对这方面内容的设置主要是以创设具体情境来进行的。

（2）任务

任务模块可以将教学目标更加具体化和具有可操作性，不仅会向学习者说明需要完成的任务，还会进行详细描述。通常情况下，教师负责规划此阶段的任务，任务必须具有可行性、要求明确且能够吸引学生。这项任务通常是成年人生活或工作中发生的事件的微缩版本。明确规定学习目标有助于学生将注意力集中在学习任务上，同时能够启发他们发挥多重技能完成学习。学生在完成任务的过程中，可以提升自己发现问题、分析问题、解决问题的能力。任务最终可以以多种形式呈现。

归纳而言，完成 Webquest 任务不只是为了让学生回答问题，而是要让他们通过运用高级思维技能进行学习，这些高级思维技能涵盖创新思维、分析思维、综合思维、评估思维和解决问题的能力等。

（3）过程

在 Webquest 的过程模块中，教师扮演主导角色，要将完成任务的具体过程拆分成多个步骤，并针对每一个步骤都给予学生清晰明了的指导建议。另外，在这一模块中，教师要尽可能多地对学生进行引导，以帮助学生更顺利地完成任务。

事实上，Webquest 的中心模块就是“过程”模块，它能为学生提供必要的支持。教师应根据学生的学习情况，对他们进行适当的指导，以确保学生能够成功完成学习任务。

（4）资源

我们可以将教师所创作的“资源”模块视为一个清单，里面有各种网络资源，包括与当前主题相关的万维网链接，还有本地可以获取的电子图书、文档、刊物、邮件信息和参考书籍等，这些资源能够帮助学生更好地完成任务。Webquest 并不仅仅依赖在线资源，它同时也涉及使用离线资源，例如录像带、光碟、书籍、报纸、杂志等。另外，Webquest 也支持通过现场访谈和实地考察的方式进行。Webquest 注重信息的利用，而不是依靠搜索来获取信息，这是因为设计者事先规划了所有的链接。由于网络空间中的资源已经事先筛选并且有详细的指引，学习者在学习过程中将不会感到迷茫和无从下手。

总之，资源模块会帮助学生搜集到最新的、高质量的、多元化的信息资源，以满足他们不同的学习水平和学习风格需求，并能引起他们的兴趣，从而有效地提升他们的学习效果。

（5）评估

“评估”是在Webquest中新添加的一个模块。在学生学习任务发生变化的情况下，测评表的形式也会相应地发生变化，可能以书面任务、多媒体创作或网页形式呈现。要评估在线学习所产生的费用是否物有所值，就必须对学习结果进行评估。

（6）结论

结论模块是Webquest中的一个重要部分，它能让学习者有机会对所学内容进行综合总结和思考，并且进一步探索和扩展学习成果。通过这个模块，学习者可以反思自己的学习过程、提升个人能力，同时也可以将学到的知识进行分享和推广。

（二）理论基础

1. 建构主义理论

（1）基于建构主义的教学观

建构主义教学观的核心在于，教师不能仅通过传授知识来完成教学任务，学习者需要在特定情境下自行构建知识体系。教师要以创设特定情境作为手段，帮助学生建立知识体系。学习者不能单纯地接收知识，而是需要运用自己的经验和背景，对所学知识进行深入思考和加工处理，以个人独特的方式建立自己的知识架构。教学过程基于建构主义理论，必须包含四个核心元素，分别是教学情境、协作共享、对话交流、意义建构。创造教学情境的任务由教师单独完成，而其他三项任务的完成都需要学习者积极参与其中。因此，在教育教学中，教师最重要的任务是设计适合的教学情境。而且，对于教学效果来说，教师恰当掌握这一方面尤为重要。

在使用Webquest教学模式时，教师需构思真实问题情境，以激发学生的自主探究欲望。学生要通过问题解决来主动构建自己的知识结构。

（2）基于建构主义的师生观

如今广泛被人们认可的一个看法是，传统的教学模式以教师为主、学生为辅，教师在其中充当知识传递的主要角色，而学生则是接收知识的对象。根据建构主义的观点，学生应该积极主动地去建构知识和意义，而教师则应该充当学生意义建构过程中的协助者。因此，教师应该为学生提供必要的指导和支持，但不应该成为学生学习过程的掌控者。换句话说，建构主义侧重于以学生为中心的学习和教学方式。教育不单单是简单地将知识传授给学生，而是将知识转化为可被学生理解和吸收的形式。教师不仅需要传授知识，更需要担任学生的导师，帮助他们学习。因此，教师应该重视与学生的互动交流，尤其是关于重要问题的讨论，以便了解他们的知识掌握情况，从而协助他们成功完成学业任务。

Webquest 教学模式是一种师生合作的学习模式，旨在让师生共同分析、研究、探讨和完成任务。在教学过程中，教师需要精心策划学习计划，培养学生学习能力并为他们提供指导。在此过程中，学生应主动参与学习，探究知识并不断创新。在授课时，教师应更加关注激发学生的自学能力和促进团队协作的能力，以帮助学生熟练掌握学习技巧和方法。

（3）基于建构主义的学习观

建构主义的学习观认为，世界是客观存在的，但人们对世界的认知和理解基于个人的社会经验和观点，因此在不同的个体之间可能存在差异。由于每个人所经历的生活背景和信仰不同，我们对于世界的理解也会因此而呈现出多样性，这也导致我们对外界的理解存在明显的差异。学生并不能被动地接收信息，而是要通过在知识建构过程中积极、主动地吸收知识。这个建构过程只能由自己完成，他人无法替代。学生的学习过程由两个方面的建构组合而成：一方面是对接收的新知识进行建构；另一方面是重新审视构建已有的知识和经验。建构主义更加强调学习者进行的第二个建构过程，这是指学习者在理解新知识的过程中会被其既有的知识和经验所引导，他们会以自己已有的经验为基础来转换、转化、重新组织新的知识，以便更好地加以理解和应用。因此，建构主义强调前期获得的知识和经验的应用，以推动新知识的构建。

在建构主义学习观的指导下，教师应该为学生提供具有完整性的任务，让学生在完成任务的同时，自主地整合新旧知识，以实现更高效的知识掌握。使用 Webquest 教学模式，教师能够根据学生的生活实践选择具体任务，并通过任务驱动式的教学方法激发学生分析和处理信息的潜能，从而提升学生的能力水平。

2. 基于问题的学习理论

基于问题的学习（Problem-Based Learning，PBL）是一种由美国教授 Barrows 首创的学习理论，旨在鼓励学生按照自己的兴趣主动探究问题，并通过寻找解决方案来深入理解学习内容，最早主要被用于医学教育，但由于坚持以学生为中心的教育思想而在各个教育领域得到广泛应用。它要求教师为学生提供学习资源和学习方法，学生以小组形式研究并寻找解决方案。这种教学方法能够显著提升学生在发现问题和解决问题方面的能力。

基于问题的学习涵盖以下五个基本要素：问题或项目、解决问题所需的技能和知识、学习小组、问题解决的程序和学生自主学习的精神。合理的问题设计或项目设计对于学生的学习效果具有至关重要的作用，如果教师设计的任务不适合学生，那么这会对他们的学习产生不利的影响。学生只有在掌握所学知识、具备自主学习能力时，才能顺利完成任务。在学习过程中，教师应该考虑实际情况，协助学生培养这些技能和精神。为了提高学生的参与度，作者建议将学习小组的成员人数控制在 4～6 人，过多的成员可能会降低参与度。小组学生需共同商讨决定问题的解决方案。

基于问题的学习理论的特点是教师不需要像往常一样站在讲台上对学生进行“灌输式”教育，而是要引导学生自主结成学习小组，在这种情况下，教师只发挥引导作用，由学生运用多媒体、网络等设备获取学习资源，自主研究和解决问题。这种教学方法注重个性化教育，能够更有效地激发学生的学习热情，进而培养学生多个方面的能力。

因为基于问题的学习方式侧重于让学生自主获取信息并解决问题，所以在计算机课程中，采用网络教学方法更加适合。网络学习的一个优点是可以让学生获得更加多样化的学习资源，而且不受地理位置的限制，可以让学生可以更好地选择适合自己的学习内容。通过在线交流平台，学生可以获得更多帮助，解决一些教师无法及时解答的问题。选用网络学习伙伴可以有效提升学习者的创造性思维水平。

Webquest 教学模式利用网络环境来引导学生开展自主、协作等多方面的学习，从而促进学生学习兴趣的培养和终身学习能力的提升。在这样的教学模式中，教师充当着指导者的角色，可通过提出问题的方式来激发学生的学习热情，并促使他们在自主学习、协作学习等方面得到有效的锻炼。

二、网络化教学模式

（一）网络化教学模式的优势

1. 灵活性

（1）地域上的灵活性

网络化教学在课程地点上更加自由，相比于传统课堂和多媒体教学更具灵活性。传统的教学方式通常要求在同一时间和地点，教师与学生聚集在一起，开展教学活动。通过网络教学，学生和教师可以随时随地进行互动交流，这种网络化的教学模式有效地弥补了传统教学模式关于地域限制方面的不足。只需利用网络，无论教师身处何处，均可进行远程教学。

（2）时间上的灵活性

在传统的授课过程中，常常会出现一些学生迟到或缺课的情况，这不仅会耽误其他学生的时间，而且会对正常的上课进度产生不良影响。相对而言，网络化教学的时间安排非常灵活。由于网络授课可以记录视频或音频，同时也可以通过文件共享来分享教学课件，教师在课堂授课时无需等待学生全部到齐，即可开始授课。这样即使学生迟到或缺课，他们仍然可以通过这些资料进行学习，并且能够保证与其他学生的学习内容和方式是一样的。这个方法能够确保教师的教学不会受到学生迟到的干扰，同时也不会对其他学生产生影响。此外，学生即使迟到了，也能够完整地掌握课堂所涉及的所有内容。教师无须一定在固定时间和地点授课，只需准备好教学视频和相关教材，如果无法到课，也可以让他人按原计划进行教学。

2. 互动性

虽然多媒体教学有其独特的优势，但与传统教学形式相比，其互动性稍弱。多媒体教学方式下，教师通常扮演主导角色，而学生则经常是被动接受学习，他们倾向于按照教师和多媒体设备的指示来学习。虽然教师和学生之间有口头交流的方式，但也存在其局限性。另外，教师掌握多媒体设备的控制权，因此在硬件共享和师生互动方面产生了一定的限制。在传统的教学模式下，教师和学生是平等的，都使用黑板这一共享的工具来传达他们各自的观点。通过结合传统教学模式的优点，网络化教学模式能够实现师生平等，并能够实现硬件设备的一致性。网络互联的发展，使学生和教师可以自由地展示他们的作品和思想，同时也促进了学生之间的交流与互动，他们可以随时提出问题、表达想法。教师不仅应与学生保持联系，还有必要与学生家长紧密合作，例如在网络教学中通过微信提醒家长开家长会，并通过微信沟通了解学生的学习和生活情况。

3. 趣味性

相比于传统授课模式，教师使用多媒体教学模式可以在课堂趣味性上取得显著的成效。在传统的教学模式中，教师展示知识的方式受到了限制，只能依靠黑板和粉笔进行呈现，而学生的兴趣和参与度则完全取决于教师的教学技巧。在课堂教学中使用多媒体设备可以使课堂更具互动性和趣味性，利用声音、图像、动画等元素传递课堂内容，可以调动学生的学习兴趣，激发其学习积极性。与多媒体教学模式相比，网络化教学模式在提升教学趣味性方面能发挥更大的作用。

4. 丰富性

很长一段时间以来，传统教学模式主要是通过口头授课进行，类似于古代孔子的教学方式。自从造纸术和印刷术诞生以来，书籍一直被用作教学的载体，这种方式得到了广泛认可和普及，并且一直延续至今。然而，书籍的限制在于其内容过于单调，以理论知识、概念和公式为主。虽然有很多书籍采用图文并茂的方式呈现其内容，但是无法达到文字与图片相互补充的效果。此外，纯文字和图表构成的书籍已经无法满足教学需要，也难以激发学生的兴趣。随着多媒体教学的普及，教学内容得到了大大的丰富。传统教学通常采用文字和图表的方式展示教学内容，但现今教学方法不断多样化，增加了影像和动画等多种元素，使知识传达的形式更加多元化。采用多种表达方式可以激发学生的视听感受，能使教学更加全面和立体化。网络化教学为多媒体教学的发展提供了更广阔的空间，既继承了多媒体教学的特点，又拓展了其功能。特别是在网络教学模式的及时性方面，这一点表现得尤为明显。

5. 实时性

实时性是指在网络教学环境中，学生和教师之间可以进行即时的互动和交流。网络化教学可以通过在线的学习平台或工具提供即时的反馈机制。学生可以在学习过程中随时提交作业、回答问题，而教师则可以即时给予评价和指导，帮助学生及时纠正错误、加深理解；网络化教学可提供实时的讨论平台，学生和教师可以通过文字、语音、视频等方式进行在线互动，共同探讨问题、分享观点。这种即时的讨论可以促进学生的思维碰撞、促进深入学习。

网络化教学可以实现资源的即时共享，也可以通过在线测验、作业等方式进行即时考核。教师可以通过网络平台分享课件、教材、习题等学习资源，学生可以随时获取并使用这些资源进行学习，完成测试后可以立即获得成绩和评价，教师可以根据学生的表现及时调整教学策略。

（二）网络化教学模式存在的问题

1. 软硬件制约网络化教学推广

如果想要实现计算机网络化教学，高校就需要投入一定的软硬件资源，其中最重要的是计算机设备和配套的教学辅助软件。计算机是网络教学不可或缺的工具，没有它就无法进行网络教学。随着科技的不断发展，个人电脑价格逐渐下降。现在，对于大多数网络教学来说，只需要 2000 多元的电脑预算就能够满足其所需的配置要求。“红蜘蛛”“苏亚星”“胜天”等都是常用的网络教学辅助软件。但是，尽管这些软件在一些方面表现出众，它们并未能很好地满足广泛的在线教育需求。

2. 网络化教学监管难度大

在网络教学模式下，教师和学生可以分散在不同地点进行教学或学习，但这也导致存在一个问题，那就是教师无法保证在网络设备屏幕前听课的就是学生本人。网络化教学的灵活性给教学监管带来了很大的困难。网络的开放性和复杂性给教学的正常进行也带来了一定的影响。例如，在学生的点名、作业提交以及考试测验方面，验证和管理工作比较困难。到目前为止，我们尚未发现一种令人满意的监管模式。对于那些在计算机和网络方面技能高超的学生，如果他们尝试进行欺骗或破坏，就可能会扰乱在线教学的正常秩序。

3. 网络教学过程中的安全问题

在网络世界中，病毒和黑客等安全威胁一直是让上网用户感到不安的因素。假若网络化教育连接的网络受到恶意软件或黑客攻击，将会对教学带来严重的影响。这种情况可能会给接入网络的设备带来负面影响，进而导致网络崩溃或增加用户数据资料损坏和泄露的风险。这些情况可能导致网络化教学发展面临严重的不良后果。

4. 网络化教学缺少政策支持

每一项新的事物都必须经历从诞生到发展再到逐渐扩大的过程。对于新兴的网络教学模式，许多教育机构采取了观望的态度。虽然相关教育部门鼓励网络化教学模式进行创新，但他们的态度也是相当谨慎的，且缺乏相关政策上的支持。

（三）对高校计算机网络教学的建议

虽然高校计算机网络化教学模式存在一些挑战，但这些挑战是可以被克服的。我们可以邀请一家备受信任的软件公司来开发一个网络教学平台，该平台要具有高效性、可靠性和安全性。通过进行小规模的网络教学实践模拟，我们可以研究网络教学的发展方向，并逐步构建一个可行的理论框架。为推动网络化教学的进一步发展，教育部门和政府机构应该在政策和资金两方面作出更多的努力和资金投入，以促进网络化教育的蓬勃发展。对于教师和学生来说，他们都应该积极地提高计算机技术的熟练度，并且努力实现使用计算机进行教学和学习的常态化。

三、互动式教学模式

（一）互动式教学模式的应用价值

1. 丰富教学内容

相较于传统教学模式的“灌输式”教学方法，互动式教学模式更为生动有趣，能够使学生更好地参与到高校计算机教学过程中，不但可以丰富教学内容，同时也能激发学生学习计算机的兴趣与热情。高校计算机课程的难度较大，这对教师和学生都提出了更高的要求。为了让高校学生更有效地掌握计算机知识，教师应当在设计和实施教学活动时，充分考虑学生的计算机水平和认知特点，并作出相应的灵活调整，调动课堂氛围，为学生提供更为丰富的计算机学习体验。

2. 培养学生创新思维

传统的高校计算机课程教学方式只是简单地依靠教师的讲授，也就是“灌输式”的教学模式，这种教学模式以学生的被动接受为主，学生在教学过程中缺少自己的见解和看法，在学习计算机知识和技巧时只能依靠死记硬背的方式来掌握。

如果这些问题长期得不到解决，会对大学生的计算机技能培养产生负面影响。采用互动式教学模式能够有效解决计算机教学存在的问题，并能使学生成为课堂主体，自由表达个人想法和观点。通过使用这种教学方法，教师能够激发学生的创新思维和自主思考能力，为顺利开展计算机教学打下坚实的基础。

3. 营造融洽的教学氛围

在传统的教学模式中，教师通常扮演着权威和支配者的角色，这种角色定位会导致师生之间的有效沟通和交流受到阻碍。采用互动式教学模式有助于增进师生之间的情感联系，同时可以提升学生的独立思考能力，从而使他们更好地掌握计算机知识和技能。这种教学方式还可以激发学生的个性化思考，并为他们的成长和发展带来积极的影响。

（二）互动式教学模式的应用策略

1. 加深学生的直观理解

在高校计算机教学活动中，教师可以利用多媒体和其他信息技术手段来使教学内容更加丰富，并有效吸引学生的兴趣和注意力，提高他们对计算机知识的直观理解能力。这种方法为深度推进高校计算机教育奠定了坚实的基础。

例如：在指导学生学习“制作简单的幻灯片”这一部分内容时，首先，为了吸引学生的注意力并激发其学习兴趣，教师可以播放一些简单又有趣的幻灯片作品，这些作品可以迅速地吸引学生的注意力，同时也能使学生对所学内容更加感兴趣；其次，教师可以用实际幻灯片演示作品向学生详细说明制作技巧和相关知识。教师使用这种教学方法，可以让学生更加直观地了解制作幻灯片的技巧，并在此基础上提高他们的幻灯片制作能力。

2. 设计问题情境

有些教师认为，在一堂课结束时，只要学生们都没有问题，就可以将之视为成功的教学。事实上，学生能提出问题才说明他们在课堂上真正认真听讲，并形成了自己的见解和思考，这正是他们融入教学中的体现。

在高校计算机教学活动中，为了更好地满足学生的学习需求，教师需根据学生的计算机基础水平和认知特点来设计问题情境。教师要借助真实情景，利用任务和问题调动学生学习的积极性，引导学生自主思考，进而巩固所学知识，达成更好的教学效果。

3. 开展实践活动

通过实际应用的过程，教师可以评估学生在计算机技术和应用能力方面的水平。因此，教师需指导学生在掌握相关计算机技能后开展实践活动。教师可运用小组合作的方法，将学生划分为不同的小组。这样一来，他们就能够互相合作，共同完成教师分配的任务。通过这种方式，学生们可以在实践中体会到团队合作的重要性，并能体验共同进步和完成任务之后的愉悦感。

四、探究式教学模式

（一）探究式教学模式的教学过程

教育部在颁布的《关于进一步加强高等学校计算机基础教学的意见暨计算机基础课程教学基本要求》中强调，在未来的计算机基础教学中，教师需要探讨如何更有效地提高学生的信息素养水平。关于这一点，教师可以从两方面进行：一是教学内容；二是教学模式和方法。

探究式教学模式是一种以学生为中心、教师为引导的教学模式，通过探究、发现、总结等方式，让学生主动参与学习过程，实现知识的深入理解和掌握。在教学中，教师的职责是通过设计问题和实际情境来启发和协助学生探究知识，学生需要通过探索发现和解决问题的途径来构建知识框架。以下是探究式教学模式的具体教学过程：

通过分析课程内容和学生特征，制订教学计划和教学任务；评估学生现有的学科知识，了解学生对教学内容的理解情况；明确教学目标和要求，以达到预期的教学效果。

为了让学生更加主动地融入学习中，教师可以设计与当前学习主题相关的真实情境，并提出明确任务，引领学生深入探究学习。这样一来，学生会更加有兴趣地进行学习，并产生内在动力去完成学习任务。

学生在进行探究学习和自主学习时，会尝试多种方法解决问题，例如查阅书籍、观看教师的课件、研究教师的制作范例等，并通过自己的实际操作来解决问题。协作学习也就是小组讨论，学生通过小组间的交流、讨论和分享经验，能够从中获得自我提升的机会，同时也能增强学生的团队合作意识。

学生需要通过多种渠道获取知识，逐步建立并深化对知识的构建和理解。教师要对学生的整体表现进行评价，激励学生整合并总结所学知识，以便帮助学生将新旧知识联系起来并深化记忆和理解，从而真正地实现知识建构。

（二）高校计算机课程教学的探究式教学模式运用策略

1. 信息素养的培养

大学生正确人生观的形成与培养信息道德观密切相关，信息道德观对大学生人生观和价值观的塑造具有重要的积极作用。随着网络技术的飞速发展，许多不道德的行为和计算机犯罪的案件时有发生，包括利用网络进行病毒传播、黑客盗窃他人信息和财产、发表虚假言论、恶意抹黑他人等。高等院校的学生可能成为将来教育界的支柱力量，因此，培养大学生的信息道德素养是非常有必要的。利用探究式教学模式进行教学时，教师需要让学生充分了解在使用信息和信息技术时应遵守的法律、道德等相关内容。同时，教师还要引导学生认识到违反网络规则可能会造成的后果。此外，学生还应该尊重他人的知识产权和版权，并了解如何合法获取、保存和传播文本、数据等信息。

2. 正确引导学生学习

网络探究式学习模式要求学生有针对性地搜索网络、查找相关网页以便进行学习。为了让协作学习和网络讨论效果更好，教师需要定义讨论的主题，并确保讨论的连贯性，避免偏离主题。在展开教学前，教师应该制订一个适当的教学计划，其中必须明确教育的目标和提供资料来源或具体的网站链接。除此之外，为了满足那些基础薄弱、学习能力较为有限的学生，教师应当推行个性化教学，为他们量身定制相应的学习目标和方法。在组织合作学习过程中，教师应注重平衡学生的表现，避免过分突出优秀学生的能力，而是要关注每位学生，使他们也积极参与学习过程，以确保每个人都有机会发言。

3. 正确认识学生自主和教师主导的关系

相较于传统教学方式，探究式教学更加强调学生的自主发现和探索，因此这种教学方式能够让学习过程变得更加生动有趣。探究式教学注重学生的主动参与和自主发掘，能够更有效地激发学生的学习兴趣，使之在轻松快乐的氛围中掌握知识，而不是仅仅重视死记硬背和被动接受。探究式教学模式强调学生在学习中的主动性和自主性，同时也强调教师在引导和指导方面发挥着至关重要的作用。只有经过教师正确的引导和有效的指导，学生才能够在探索中领悟更多的知识，形成他们自己的知识体系，并且不断提高自己的自主探究能力。首先，教师在课前备课时需要制订恰当的教学计划，努力创造一个让学生乐于学习的氛围，激发学生思考和自主学习的能力。除此之外，教师还需要密切留意学生的学习动态，及时帮助学生把握学习时机，但是要避免过度介入，过度介入学生的探究过程可能会阻碍学生主动进行探索，而完全不闻不问又可能导致学生迷失方向。教师应该在掌握好度的前提下，及时提供必要的指导，使学生的探究过程更加顺利；其次，教师应该与学生建立一种平等的师生关系，充分尊重学生的权利。教师要及时表扬学生的学业成就，激发他们的学习热情，从而提高他们的学习效果。教师应该经常不断学习和积累实践经验，以更新自身的知识结构。这样，当教师在引导学生深入探究时，就能够随时应对学生所提出的问题。

4. 强调师范生应掌握的信息技能

那些高等师范类院校的学生毕业后将会进入中小学担任教师，他们是引领未来教育行业发展的重要力量。因此，他们的信息素养水平将直接影响他们的教学能力和终身学习的能力。因此，为了确保大学计算机基础课程发挥应有的作用，高校应该重视培养教师的教学风格和方法，强调学生所需掌握的技能。中小学教师现在需要应用现代教育技术，掌握最新的教学理念，并使用信息技术整合课程教学，这是社会随着全国基础教育改革的广泛深入开展所提出的新要求。高等院校可以积极跟进该改革进程，将计算机基础课程与专业课程有机结合，主动承担培养学生的任务。师范类学生在学习计算机基础课程时，应该注重学习和掌握计算机在教学中的应用技能，因为这些技能对于自己未来成为一名优秀的教师是必不可少的。高校应该让学生更注重培养实践性的计算机技能和掌握计算机应用的能力，而不是仅仅强调理论基础。同时，高校也应该重视学生积极应用计算机技术改善课程教学的能力。

五、“翻转课堂”教学模式

（一）翻转课堂的阐释

1. 翻转课堂的定义

翻转课堂，是从英文“Flipped Class Model”中翻译过来的，人们一般将之称为“翻转课堂式教学模式”。翻转课堂是一种新兴的教学模式，很多学者都对其做了研究和解释，在不同的历史背景下翻转课堂有以下几种不同的解释：

第一种解释：翻转课堂指的是教师根据教学目标将小知识点录制成 10 分钟左右的教学视频。在课前，学生可以在家中或是课余时间自主学习教学视频中的内容；在课堂上，学生可以利用自主学习的知识和教师、同伴进行问题交流，最后顺利完成作业和掌握本知识点内容。这种解释的关键就在于教师必须制作教学视频，并将之上传到学生学习的平台。

第二种解释：翻转课堂指的是翻转教学结构，把教师在白天讲授新知识和学生晚上回家消化、巩固新知识的模式进行颠倒，转化为学生白天在课堂上消化新知识，晚上回家学习新知识。这是一个时间上的颠倒；学生自己先接收新知识，然后在课堂上消化和巩固新知识；传统的教学方式是教师引导学生接受新知识，然后学生再自我消化。翻转课堂相较于传统教学模式，在逻辑顺序上出现了颠倒。

第三种解释：翻转课堂指的是学生首先在学习平台利用教师提供的视频、音频、电子教材等资源进行自主学习，然后在课堂上就自主学习中遇到的问题和教师、同学进行讨论，最后完成作业或是制作作品的一种教学形态。与传统课堂教学结构相比，这样的教学方式更能体现学生的主体地位，强调以学生为学习的中心，教师在其中扮演着引导者和指导者的角色，并能充分体现个性化教学，发挥学生的主观能动性。

2. 翻转课堂的特点

（1）碎片化视频教学

翻转课堂中的教学视频都是在 10 分钟左右，每一段视频的教学内容都围绕着一个很小的知识点来展开。碎片化视频教学不仅能让学生掌握好这个知识点，加上时间上的控制，学生不会因为学习太久而产生疲倦、厌烦的学习心态。

（2）教学信息明确清晰

学生的注意力要始终保持在学习视频上才能保证他们的学习效果，针对这个问题，“翻转课堂”有自己的方法。翻转课堂录制的视频都不包括教室的物品、学生学习的场景甚至是讲师的头像。学生完全是通过画面和画外音来开展学习活动，不受其他因素的影响。

（3）重构学习流程

翻转课堂的学习流程是：课前，教师将自己录制的教学视频、电子材料上传到学生学习的平台，学生在学习平台上自主学习，做好记录并且完成学前的反馈；

上课时，同学与同学之间通过小组合作、讨论的方式进行学习，教师对学生的疑惑加以解答，两者之间通过互动来实现对知识的学习和掌握；课后，教师开展网络问答的方式，学生在这一阶段可以实现对所学知识的巩固。

（4）分阶段式的学习

课前，学生在进行自我学习之后，并不是马上就开始下一阶段的学习。教师在对学生进行提问和测试之后，需要对学生学习的情况做一个总结，再根据学生的实际学习情况进行分析，在下一阶段学习之前要依据这些情况进行教学设计的调整。假如学生在学习的第一阶段就遇到了较大的困难，教师要帮助学生解决，直到学生能够精准地回答教师的问题或是掌握该知识点的内容，之后才能开展下一阶段的学习活动。

（二）翻转课堂教学模式实施的必要性和可行性

1. 翻转课堂实施的必要性

“翻转课堂”的模式完全改变了传统的教学方式，它使学生能够主导学习过程并且自由决定学习时间，可帮助他们在自由探索的过程中逐渐提高知识理解和应用能力。教师须为学生提供帮助，解答他们在自主学习中遇到的各种问题。

首先，高校学生处于向成年人过渡的阶段，在性格特点上具有一定的独立性和依赖性，翻转课堂能够让学生在课前观看相关的学习材料，可以为学生提供一定的独立学习空间，能够让学生带着问题进入课程学习，教师再在课堂上为学生解答疑惑，符合学生依赖性的特点。

其次，翻转课堂教学方式相较于传统教学模式更加创新，同时还具备技术上的优势。借助先进的计算机技术，翻转课堂教学模式可以积累各种形式的教育资源，并通过多媒体和视频技术的形式呈现给学生，可使学生能够在自主学习中获得知识。相对于传统的教学方式，翻转课堂确立了主体和客体之间的关系，并且在将教学模式转换为面向网络实时教育环境的全新形式上取得了成功。翻转课堂能为学生在课堂学习营造新鲜的氛围，更能吸引学生的注意力，因此具有一定的优势且更能被学生接受。

再次，通过翻转课堂教学模式，学生可以获得更为灵活和多样化的学习机会。相比于传统课堂而言，翻转课堂打破了时空的限制，使学生有更多的时间和空间进行学习，同时也能够满足学生在学习习惯和方式上的个性化需求，可有效提升学习效果和成绩。在翻转课堂的学习模式下，学生可以更加灵活地规划学习时间和地点，从而克服学习上的不足，积极主动地获取更多的知识。

最后，翻转课堂教学模式能使交流变得更加便捷，尤其适用于那些社交技能较欠缺的学生。这样的学习方式创造了一个良好的学习环境，避免了学生因为独自学习而产生被孤立的感觉，能够让他们更好地与学习群体相融合。

2. 翻转课堂实施的可行性

随着社会的进步和人们受教育程度的提高，越来越多的学生逐渐接触并熟悉了网络，同时，计算机的基本操作技能也得到了不断的提升。学校现在已经具备了完善的计算机和教学设施。学校的机房里配备了多媒体教学设备，广大师生可以使用局域网和因特网。这增加了翻转课堂实施的可行性。通过住宿制度，学校为学生提供了前往机房上网的机会，使他们有足够的时间在晚自修时完成自学任务，以保证在上课前做好准备。《计算机应用基础》一周 4 节课，并且 2 节连上一个半小时，学生在课堂内也有充足的时间完成一个综合任务。学校不仅在硬件上给学生创造了自主学习的条件，还能保证学生自主学习的时间。

此外，教师团队也在不断提升实力，担任计算机教学工作的教师都具备深厚的计算机基础知识，能够灵活地运用学习资源，熟练运用最新的教材内容，并积累了丰富的教学经验。相比其他课程，计算机课程更有趣，通过任务驱动或项目融合的教学方式，教师可以激发学生的积极性，帮助他们自主学习和探究，一些基础较弱的学生在小组协作的情况下也能够完成任务。从以上分析可见，在高校计算机课程中实施创新的翻转课堂的模式具有可行性。

第二节　高校计算机教学方法建设

一、任务驱动教学法

（一）任务驱动教学的含义

“任务驱动”是在现代建构主义教学理论的基础上形成的教学方法，与探究式教学模式相似，“任务驱动”教学法也强调学生的主动参与。“任务驱动”教学注重教师通过让学生完成具有典型代表性的“任务”，来传授知识和技能。这种教学方法注重让学生融入有意义的学习、生活以及社会实践中，通过完成任务来获取知识、技能，培养能力。这种教学方法通过选择一个或多个典型任务为核心，将课程内容有机地融入进去，以任务为主线展开教学过程。经过任务分析和讨论，学生需要结合使用过去和当前掌握的知识来完成任务。在教师的指导和帮助下，学生需要自主利用学习资源，并通过积极探究和合作互动来探索完成任务的方法，从而更加深入地理解和掌握知识。

（二）任务驱动教学的特征

“任务驱动”教学的基本特征是任务、教师、学生三者的互动，即“以任务为主线，教师为主导，学生为主体。”

1. 任务为主线

教学过程中，采用“任务驱动”教学法强调任务的重要性，强调将任务贯穿整个教学过程。任务的完成能促进师生之间的互动，同时也能实现学习目标。我们可以根据任务完成的时间要求，将它们划分为三类：学期任务、单元任务和课时任务。根据任务的结果，我们可将之分为两类：一类是作品展示型任务，另一类是问题解决型任务。作品展示型任务的核心在于让学生运用软件创作出电子作品，并强调通过学习计算机技术来实现这一目标。这项任务的目的是促使学生认识到计算机技术是必不可少的学习工具，并让他们通过使用软件解决实际问题来加强这一认识。根据学生的个体差异性，我们可以将任务划分为基本任务和扩展任务。在大多数情况下，学生需要完成的任务是基础性的。扩展任务是为那些具有较高水平的学生提供的更有挑战性的学习内容。根据不同学生的特点，我们可以将任务分为封闭型任务和开放型任务。按照教师设定的要求和规则进行的任务被称为封闭型任务；教师设置任务主题，并鼓励学生充分发挥主观能动性来完成的任务被称为开放型任务。

2. 教师为主导

教师在教学时常常采用基于建构主义教学理论的“任务驱动”教学法，这种教学法强调教师的职责已经不仅局限于传授知识，而是演变为协助和激励学生学习的促进者。在“任务驱动”教学中，教师是至关重要的领导者，在以下五个方面发挥主导作用：

任务的设计者：教师需要通过对教学目标进行细致的分析，从而设计适合学生学习的任务。

任务情境的创设者：在完成任务时，教师要为学生创设真实的情境，这是任务完成的重要前提条件。

学生完成任务的帮助者：学生在完成任务的过程中离不开教师的指导，在必要时教师要为学生提供帮助。

任务完成的评价者：教师需要确立明确的评估，标准以评价学生的任务完成情况。

课堂教学监控者：计算机课堂教学是一个动态的过程，教师需要根据学生的反馈不断进行调整；教师应该时刻留意学生的表现，积极引导他们朝着任务目标迈进，确保学生能够成功完成任务。

3. 学生为主体

（1）激发学生的求知欲

建构主义理论认为，通过设计富有吸引力的任务，教师能够引导学生积极参与学习，从中获得成功的体验，并进一步增强学生的求知欲望。

（2）培养学生提出问题、分析问题和解决问题的能力

“任务驱动”教学方法以解决问题为导向，引导学生通过问题的解决来主动建构概念、原理和方法。

（3）培养学生协作交流意识

学生任务的完成不仅仅涉及师生之间的交流，也需要学生之间相互沟通和协作。研究显示，同学之间在交流的同时可能会引发认知冲突，但这种冲突也具有重要意义，这是因为学生可以从不同的角度思考问题并提高自己认知能力。在与他人交流的过程中，学生能够反思自己的思维方式，进一步完善自己的观点和结论。

（4）培养学生自主学习能力

通过“任务驱动”式教学，学生能够在接近真实情境的学习环境中提高自己的知识运用和迁移方面的能力。这种教学方式不仅能够帮助学生获取知识，更为重要的是这种教学方式能通过解决实际问题的过程和方法，帮助学生掌握知识。学生在完成任务后会体验到成就感，这种感受会激发他们产生更多的疑问并尝试寻找答案，这样就形成了一个良性循环，促使他们完成更多的任务。任务完成的过程中，学生的好奇心会推动自己不断探索，以此为动力促进学生思维能力的提升。学生可以利用自己已学过的知识结构，主动了解学习进度和重点，构建相关的知识体系，提高自主学习能力。

（三）任务驱动教学法中任务设计需遵循的原则

在运用“任务驱动”教学法时，任务设计的质量直接影响教学效果的好坏，在教学设计中，教师必须特别注重任务的设计。因此，在设计任务时，教师需要考虑以下几点原则。

1. 目标明确性原则

在教学设计中，教师必须明确地指出教学目标和教学内容。教师在设计任务时，不仅要考虑任务对学生技能提升的帮助，还要关注培养学生实践应用方面的能力，此外，也不能忽视提升学生的信息素养水平。例如，在为学生讲授 Word 中进行图文混排的方法时，教师可以据此给学生安排一个任务，要求他们利用所学知识在文字中插入图片，同时还要注意图片格式、美观度等问题。

2. 真实有趣性原则

当教师设计的任务与学生的日常生活息息相关并具备足够的互动性与趣味性时，教师才会调动学生的学习兴趣。例如，在 Word 中，当学生学习了如何制作表格的知识后，教师可以设计一个任务，要求他们应用所学的知识来设计一个课表，以便更熟练地运用所学知识。

3. 操作可行性原则

在计算机课程中，教师设计的任务的实践性和可操作性一定要足够强，要让学生能够利用所学知识在规定时间内完成，并达到巩固学习知识的目的。此外，为了满足不同知识水平和学习能力的学生的需求，教师应该将任务分层，使其更具有层次性。例如，在第一节 PowerPoint 课上，教师可以让学生完成一个任务，即制作一个以自我介绍为主题的幻灯片。学习完毕 PowerPoint 模块后，学生需要设计一组内容更加综合的幻灯片，以展现对知识的综合应用能力。

4. 系统开放性原则

在设计任务时，教师应当遵循系统开放性的原则，同时要确保任务与相关知识点密切相关，以使任务中的知识结构能够连贯一致。在规划学习任务时，教师需思考学生的自主性，以激发学生的创新性和想象力。教师可以设计一个任务，要求学生对各科成绩进行排序并且标明每个学科的排名。通过完成这个任务，学生可以拓展自己的思维方式。

二、有效教学法

（一）有效教学的含义

有效教学是20世纪教学论的一个重要的理论创新，并且对教学实践产生了持久而深刻的影响。特别是许多在教学第一线的教师开始在自己的课程教学中追求有效教学，有效教学蔚然成风。目前，有效教学已经成了一个基础性的教学论概念。当然，有效教学并不是一个静止的概念，它总是向未来开放，被不断地赋予新的内涵。

有效教学是一个教学论概论，早在20世纪90年代就有研究者对这一概念进行过定义：有效教学指的是教师在遵循客观教学规律的基础上，合理投入时间、精力和学习资源，全面实现先前制定的教学目标，满足社会和个人发展需求的教学活动。另有研究者则特别强调了教学的效果和效益。有效教学既是人们的长时期追求，也是一种全新的教学理念。教学的有效性是指教师能够成功激发并维持学生学习的动力，在相对高效的方式下，实现预期的教学目标，符合教学规律并产生实际效果和效益。教学的有效性是教学的核心，它关注的是哪种教学能够达到最好的效果。

“有效”的意思在这里是指在教师进行一段时间的教学后，学生在具体方面取得了进步或发展。教学效益的唯一指标在于学生是否通过教学活动取得了进步。教学的效益不在于教师的授课是否完成或投入程度如何，而在于学生是否获得了所需的知识或学习成效如何。即使教师很努力地进行教学，如果学生没有学习意愿或学习没有收获，其教学也不会取得效果；即使学生付出了很多努力，但如果他们没有得到相应的进步和发展，教师的教学仍然是无效或低效的。

“教学”指的是教师为教授知识所采取的所有举措，旨在激发、维持或推进学生的学习动力。首先，教师需要唤起学生的学习兴趣，以激发他们的学习动机为前提展开教学；其次，仅当学生内心产生“愿意学习”的意愿时，教学才能够真正发挥作用；最后，教学必须建立于学生愿意参与其中的基础之上。此外，教师必须确切了解学生所追求的学习目标和范围，以便让学生充分了解他们的学习深度和所需学习内容。只有当学生明确了他们需要学习什么内容，以及达到什么程度时，他们才会制订出合适的学习计划并积极参与学习。即使教师在讲课过程中再怎么努力，如果没有满足这些条件，其教学也无法被称为真正有效的教学。因此，现代的教学理念认为有效的教学应该提高教师的工作效率，加强教师对教学过程的评估和目标管理。

（二）有效教学法的特征

有效教学的概念意味着并不是所有的教学都是有意义和有效果的。那么，哪些教学是有效的？哪些教学是无效的？怎样的教学才是有效果、有效益？通常有效教学具有以下几方面的特征。

1. 以学生为中心

以学生为中心就是要把课堂还给学生，真正关注学生的需求。每位教师都要树立以学生为中心的教学思想，让学生成为课堂的主体，关注学生需求，关注学生的发展。教师要始终作为学生的引导者和启发者，培养学生的创新能力和发散思维。

2. 追求教学效益

教师喋喋不休地一堂课讲下来，如果课堂上睡倒一大片，其教学效果可想而知。教学效益不在于教师的教学时间有多少，而是取决于学生的学习效果和学习进展。教师要通过改进教学手段、了解学生需求、教学情境设计、师生关系的建构等方法来提高教学效益。

3. 制定具体目标

每节课的教学目标应该尽可能地明确化和具体化。具体的目标能够帮助教师制定有针对性的策略，并且方便教师检验教学效果。科学的教学方法应该综合考虑定量和定性、过程和结果等多方面要素，以帮助高校全面评估学生的学习成绩和教师的工作表现。

4. 实施反思教学

优秀的教师都具有课后反思的好习惯。每堂课结束后都要反思：本节课的教学效果达到了吗？学生有进步吗？学生学习效率提高了吗？教学有效益吗？只有通过不断地反思教学效果，不断改进教学方法和手段，教师才能够达到有效教学的目的。

（三）有效教学的保证策略

有效教学的实现，需要采取有效的策略，我们可以把这称为有效教学的保证策略。当然，也许并不存在某种普遍有效的策略，这更是一个多样化探索的领域。以下，笔者从较为宏观的角度，从准备、实施和评价三个方面来进行探讨。

1. 准备策略

（1）准备策略的内涵

教学准备对教师来说是一项常规性的工作。教学准备策略是指教师在上课前应对所需处理的问题进行规划和解决的行为，它的重点在于解决制订教学计划时所面临的问题。当教师备课时，需要考虑以下问题：明确教学目标，并进行详细描述；处理和准备充分的教学材料；选择适合的教学方法；设计有效的教学组织形式；制订完整且具有可行性的教学方案。

（2）准备策略的执行

教学准备策略需要考虑多方面的因素，在具体执行的过程中最为关键的是三个方面：学生、学习内容和教学过程。

①学生

学生是教学的对象，也是教学的主体。有效教学的关键在于能够发现学生的需求以及不同学生之间的个体差异。值得注意的是，学生的需求和个体差异往往并不局限于知识水平，还包括学生对学习的兴趣。这需要教师不仅要考虑应该如何传递知识，还要考虑应该如何激发学生的学习兴趣。为使高校计算机基础教育的教学能够顺利进行，教师需要提前做好充分的准备。这包括对学生所学专业和技能需求的了解，以及对学生个人情况、学习成绩、知识水平和学生人数的掌握，并且教师需要对学生的个体差异和需求进行详细分析。其次，在课堂测试环节，教师要与学生交流沟通，了解他们真正需要掌握的知识和技能，并通过智力测试评估他们已有知识结构的完整性、能力水平和兴趣爱好。

②学习内容

教学内容涉及“教什么”的问题，这是需要教师开发或再度开发的领域。教师是最佳的教学内容的开发者，他们需要根据学生的知识结构和专业需求对教材进行再度开发，对课程内容作出校本化、生本化的处理。

③教学过程

教学是一个有节奏的展开过程，包括许多具体的环节，是一个相对完整的链条。高校计算机基础教育教学过程的设计要解决的几个关键问题：一是明确教学目标；二是要选择适切的教学模式与方法，即教学模式要先进、教学方法要适切，诸如信息加工、个性教学、行为控制、合作教学等教学模式都是可供选择的；三是对话，教学是在师生对话中完成的，传统的独白式的教学并不是一种好的教学，教师要通过在课堂教学过程中的大学生和教师良好沟通交流，激发学生的学习兴趣；四是在知识的传授和技能训练方面，要做到理论准确、基础扎实，使学生在校也能打下扎实的理论基础，以不变应万变，从容应对工作后层出不穷的新技术、新问题；五是在课堂控制上要注重时效，所有内容和知识点均以解决实际问题为切入点，要求学生在理解理论的基础上，强化动手能力，将知识点转化为解决问题的能力。

2. 实施策略

（1）实施策略的内涵

教学的实施是一项挑战性极强的工作。为了更有效地教授高校计算机基础教育课程，教师需要确立更高的教学标准，并在教学实践中切实落实。教学实施策略是指教师为成功实施教学计划而采取的一系列措施。课堂教学实施行为可以被归为以下三种类型：主要教学行为、辅助教学行为与课堂管理行为三类。按照其功能的不同，教师在课堂上实施的行为又分为管理行为与教学行为两种。课堂管理行为旨在为教学顺利进行创造条件，以确保每个教学时段的效果最大化。课堂教学行为又可以被细分为两种：一种是目标清晰、内容明确的，这种教学行为的实施可以预先做好准备，被称为主要教学行为；另一种则称为辅助教学行为，辅助教学行为是针对具体学生和特定教学情境展开的行为，因为其偶发性，很难事先做好充分准备。

（2）实施策略的执行

教师在实施教学时，需要解决的问题有：主要教学行为、辅助教学行为与课堂管理行为等。教学实施策略需要考虑既定教学方案在课堂内外各个环节的具体执行问题。

①主要教学行为

在具体教学中，理论教学清晰简洁，教师每堂课利用 5～10 分钟讲解本堂课的概念知识点，在最短的时间里清晰有效地告诉学生重点和难点；教学手段多样化，灵活地开展小组讨论、合作学习、课堂提问、课堂总结的方法。在教学过程中，教师一般采用任务驱动法，每次课给学生一项案例任务，通过完成案例任务，帮助学生自主自发地学到专业知识；通过从案例任务中发现的问题引导学生思考，启发学生思维，拓展学生学习。最后，教师通过小组互助、学生讲解、教师个别辅导达到全班同学完成教学任务的目的。

计算机课程所固有的实训实验是重要的专业学习环节，实训实验项目都是以真实的企业项目为基础而设立的，相较于其他专业的实训，该专业的实训项目可直接带来商业价值。通过不断学习和实践，学生可以提高自己的专业技能，增强自信心。轮岗执行的实训可以帮助学生更好地应对实际工作中的挑战。这些真实的管理制度和模式能使学生的学习效果得到了保证。真实项目实训，能够让学生在走出校园之前就能具备真实项目经验，也能为学生走向职业岗位打下可靠的基础。

②辅助教学行为

辅助教学行为同样是为教学目标服务的，只是在地位上相对处于次要和辅助的位置，它可以辅助主要教学行为来完成教学目标。没有辅助教学行为，教学本身将变得不完整。例如：云课堂就是一种基于移动互联网技术而形成的辅助教学技术。具体的做法如下。

第一，每堂课教师都会录制授课同步视频，下课后将其共享到云课堂，方便学生复习和练习，从而大大降低学生学习难度。只要有网络和电脑，学生可以随时随地进入云课堂进行学习，下载当天专业教师的授课视频，消化当天的课堂内容或者预习新课。这既能降低学习难度，又能帮助他们养成良好的预习和复习的学习习惯。

第二，在云课堂，学生可以对学习内容进行阶段测试，对阶段性的学习内容进行复习巩固，对知识与技能的掌握情况实时监测。

第三，丰富的课外拓展资源包，让对技能有更深入更高层次要求的同学尽情挑战。所有内容均存储在云端，最大限度地方便学生查阅、下载和在线学习，是一种真正完全突破时空限制的全方位互动性学习模式。课外拓展资源包括教材的再度开发与共享。云课堂充分弥补了传统授课模式的不足，能够让广大在校大学生逐步养成自主学习、自主消化的良好学习习惯，也可以让学生的学习有目标、有方法、有帮手，更有收获，学习生活更充实更快乐。很显然，这种基于现代教育技术的教学手段的创新能够对有效教学的实现产生积极的影响。

③课堂管理行为

课堂管理是主要针对学生的学习行为、违纪行为、人格行为（心理问题行为）来进行的。人格问题具有隐蔽性，缺乏职业敏感性的教师可能难以发现，即使发现了，也很可能不知如何处理。但对于学习行为和违纪行为，教师往往能及时发现、及时处理。教学时间管理要充分利用每一分钟，调动每个学生的学习热情。一堂完整的课程包括教学目标、指导学习、学生练习、小组互助、学生讨论和教师点评等许多方面，其中有许多细节都是需要教师管理和引导的。

3. 评价策略

（1）评价策略的内涵

教学评价策略指的是通过一系列价值判断行为，对教学过程和结果进行评价，以确定教学的实际效果。评价行为始终持续在教学活动中，而不限于教学活动结束后的评价。教学评价策略包括对学生学业成绩和教师教学活动进行评价，评价的目标在于向教师提供回馈，以便他们改进教学，并为学生提供具体的学习建议，帮助他们继续进步。目前，评价的对象已经不再局限于学生的学习成绩，而是扩大到学生学习知识的过程以及对教师教学过程等方面的综合评估。

（2）评价策略的执行

基于有效教学的教学评价策略包括许多方面的变革，如评价文化的培育、及时的教学过程评价、高信度的总结性评价。

①评价文化的培育

如何评价学生的学习效果？历来的评价方法就是考试。我们已慢慢发现传统的教育模式下培养出来的高分低能学生比比皆是。考试不能真实地反映学习效果。高校计算机基础教育教学的评价正逐渐执行这种策略。考试只是一种评价的手段，但不是唯一的手段。在考试霸权主义盛行的今天，评价文化的培育显得十分的必要。对于教师而言，在高校计算机基础教育教学中必须改变“一考定成绩”的做法，不再采用单一的期末考试来评定学生的成绩，而是让关于计算机课程的考核任务贯穿到每节课中。在课堂上，学生需要完成项目任务，教师需要进行评价和总结，并且给予评分。通过完成项目任务，学生可以巩固当堂所学的知识。教师可以把每一次课都变成是期末考试，充分调动每一个学生的学习积极性，提高其学习效果，消除学生平时不学习、考试作弊的恶习。

②及时的教学过程评价

传统的教学评价只重结果而忽视过程。及时的教学过程评价能够帮助教师发现教学过程中存在的问题，从而进行调整，以保证教学走在一条正常的、可靠的道路上。教学过程评价的对象自然也是学生的学习结果，这是一种以学生为中心的教学模式。这一模式强调学生是课堂的主体，关注学生学习的深度和学习的现实效果。

在高校计算机基础教育教学评价过程中，教师对评价结果的呈现方式可以根据实际需要灵活选择，包括文字记录和口头表述等多种形式。教师可以使用等级来表示，也可以使用评语来表述，还可以采用展示、交流等多种方式。第一，评语。对于计算机课程中的理论知识或者是需要记忆的内容，教师可以要求学生做书面作业。教师批改评语指出问题，学生改正错误。教师也可以在课堂上师生沟通交流中完成口头的评语。评语不仅仅是对等级定位评价，更多的是教师与学生的一种思想、情感的对话。第二，展示交流。根据学生的案例作品，进行个人作品展示讲解、小组交流讨论、教师讲评。学生在具体指导与鲜活话语源源不断的冲击下，能够学习到有用的知识。这样环境里的学习才是愉快而有效的。

③高信度的总结性评价

总结性评价具有终结性，通常是在一门课程结束之后进行的。对总结性评价来说，信度是至关重要的，也就是说它必须是可信的，测出的结果要能够真正反映学生的学习程度。传统意义上的期中、期末进行的阶段性考试，本质上都是总结性评价，一般被当作评定学生学业等级、教师乃至学校教学质量的主要依据。总结性评价模式在正确的学业成就理念和评价目的的指导前提下，是能够相对合理地了解学生学业能力的一般水平的，即学得好的班级或个人一定比学得不好的成绩要好一些。名次总是分出来的，只是分出名次也并非评价的唯一目的。

在具体的操作过程中，教师不能把总结性评价简化为一场期末考试，这样的话，其可信度往往难以保证。

三、分层递进式教学法

（一）分层递进教学法的含义

中国著名的教育论专家杜殿坤指出："分层递进式教学，就是教师充分考虑到班级学生的个体差异性，根据共同的教育目标，分层区别对待地设计和进行教学活动，使各个层次的学生向高层次进行递进的教学，以促使每一个儿童都得到最优的发展，它是一种在课堂中实行与各层次学生的学习能动性相适应的、着眼于学生分层提高的教学策略。"[①] 分层递进教学理论认为，教学过程中的主要矛盾在于教师期望的教学成果与学生的学习能力之间的差异。考虑到学生个体之间的差异性，我们应当为学生建立一个支持机制，以培养学生的学习能力为目标，使学生不断进步，缩小与期望值之间的差距。

李克东指出："素质教育强调要关注全体学生，允许学生个性化地发展，对于学生之间存在的差异性要高度重视，合理进行评价。新课程提出的课程目标，允许教师根据实际情况因材施教，进行分层教学改革，把学生、教学目标、教学内容等分层，让各层学生选择自己的学习目标，尊重学生个人选择的意愿，达成不同的教学目标。"[②] 因此，分层递进式的教学方法能够满足素质教育所提出的要求。这种方法能够满足不同学生的需求，适用范围广泛，既能考虑到学生个人的成长进步，又兼顾了个体之间的差异。通过分层递进的教学方法，我们可以很好地解决班内学生的个体差异对教学目标实现的影响。

（二）分层递进教学法的实施原则

1. 主体性原则

学生在教学中处于主体地位，教学活动的目标在于推动学生的成长和发展。在日常的教学实践中，让学生扮演主要角色是非常重要的。我们需要为学生留出

① 杜殿坤．试谈教学研究的方法论问题 [J]. 复印报刊资料（中小学教育），1982（10）：25–27.

② 李克东，况姗芸．技术变革教育的思变与笃行——李克东教授专访 [J]. 苏州大学学报（教育科学版），2022（1）：95–103.

充足的自由时间和活动空间，让他们自主思考、自主学习、合作探究并寻求创新拓展的机会。这样的教育方法能够提高学生的独立思考和自主学习的能力。

2. 差别模糊原则

为了更好地满足学生的学习需求，教师可以使用有策略的教学分层模式，该模式能充分考虑学生的认知结构和信息处理能力等方面的差异。在开展教学前，教师可以利用多种途径了解学生的实际情况，比如与教练或前任教师交换意见、提供问卷进行调查、观察学生上课表现、进行课后座谈及批改作业等。接下来，考虑到学生的不同知识水平、认知能力和学习效率等因素，教师要给学生自主选择分层的自由，这样能够更好地满足学生的需求。进行分层后，教师应该采用“异层同组”的方法将学生分组。此外，针对学生的分级，教师应进行灵活的管理，教师应该根据学生的变化情况，有针对性地调整学生的层次，引导学生不断向更高水平迈进，以确保教学效果的最大化。教师进行学生分层时最好不要公开，以免伤害某些学生的自尊心。

3. 零整分合原则

在课堂上，教师需要同时采用整体性的讲授和小组合作学习的授课方式，让学生们通过小组合作探讨问题，相互协助并协同进步，教师在课堂巡视过程中要提供分层辅导。课堂教学是一种教育活动，旨在培养每个学生的个人能力和整体素质。它不仅面向全体学生，又以个人学习为基础，要求教师通过集体授课和个别辅导的有机结合，促进学生的个性化发展。

4. 调节控制原则

由于学生之间存在独特的个体差异性，各个层次的学生所表现出的学习积极性也各不相同。在教学过程中，教师应该激发学生的学习热情和兴趣，并耐心引导他们自主思考。同时，教师还需要针对学生不同的学习状态调节并控制教学进度。

5. 奖励激励原则

布鲁纳认为:“学生对所学课程有兴趣、有求知的需要，能体验获得知识的成就感，这些就是最好的学习动机。这种学习给学生带来认识和需求上的满足，是‘自我奖赏’的最有效方式以及保持求知欲望的持久动因。”① 可见，教师应该设计适当的激励机制来满足学生的好奇心和求知欲。

（三）分层递进教学法的理论基础

有几种理论和观点可证明采用分层递进教学法的合理性。

1. 个别差异和因材施教理论

经过多年的教学实践，孔子认识到每个人都拥有独特的才能和个性化特点。因此，他提出了“因材施教”的教育理念。这一理念经过历史的检验和沉淀，至今仍被广泛应用。在当今的素质教育开展过程中，差异化教学是一种至关重要的教学方法。该方法强调尊重学生的个性差异，根据学生的独特教育需求和特点，有针对性地选择和应用适宜的教育方法和手段进行教学，即以学生为中心，深入解析每个学生的个性差异和情境，确保制订出适合他们的培养目的和针对性的培养计划，以最大化地提升他们的综合发展水平。

2. 布鲁姆的“掌握学习”理论

布鲁姆提倡“掌握学习”理念，主张教师应在课堂中创造利于学生学习的环境，并采用合适的教学技巧。教师所设计的教学内容应当适合所有学生的认知能力，使每位学生都能获得成长。这一理论的核心思想是：第一，教师应该对学生充满信心，相信他们能够胜任任务，要对每个学生满怀期望，并积极激励他们，以激发其潜力；第二，教师需要清楚地了解每个部分所包含的学习资料和具体内容；第三，要达成预期的教学目标，教师必须确立明确的学习目标、深入理解教学要点和细节要求，以便制订全面详尽的教学计划；第四，单元测试问题应该与

① ［美］杰罗姆·布鲁纳. 有意义的行为 [M]. 长春：吉林人民出版社，2011.

所要测试的功能和目标相对应，以确保测试的有效性；第五，在本单元学习后，教师要马上进行一次考试，以了解学生对所学知识的掌握情况；第六，教师要进一步改进教学方法，通过深入分析学生未熟练掌握的知识，为每位学生提供量身定制的辅导方案，以推动其个性化的学习进程。分层教学的目的是注重学生的个体差异，促进个性化教学，以满足每个学生的学习要求。

3. 巴班斯基的“教学过程最优化”理论

巴班斯基认为，最出色的教育实践应该综合运用教学规律、原则以及最新的教育工具和技术，通过教学过程达到最佳的教学效果。教师在开展教学前，应当设计一份教学方案，将最为适合的教学方法运用到实践中。这样做可保证按时完成教学任务，并尽量实现最佳的教学成果。

根据巴班斯基的看法，不同的教育方法之间并非孤立存在，而是具备相互补充的关系。在个体差异较大的情况下，教师采用多元化的教育方法能够更好地满足不同学生的需求。巴班斯基认为，学生可能面临学习困难的原因并非受智力因素的影响，而是诸如学习内容太过广泛和难度过高等问题。此外，为了使所有学生都能充分发挥学习效率、实现最大程度的发展，教师需要采用不同的教学方法，需要对不同层次的学生进行差异化教学。巴班斯基还指出，当学生完成较简单的学习任务时，教师通常要提供一般性的指导来辅助他们做练习；当完成中等难度的学习任务时，教师要让学生进行分层练习，差生要做一些简单的练习题，而优等生则要挑战更难的练习题，同时教师也要提供必要的指导；当面临难度较高的学习任务时，教师不仅要在集体教学和个别指导方面做好充分的结合，还应该实施分层指导以及借助小组合作的优点，鼓励同学之间相互引导、互帮互助。综合来看，最优化教学应将集体授课、小组学习和个别辅导相融合于课堂教学当中[①]。

① [苏]尤·克·巴班斯基.教学过程最优化 一般教学论方面[M].北京：人民教育出版社，2007.

4. 维果斯基的“最近发展区”理论

心理学家维果斯基提出，每位学生都具备两个发展水平：一是依靠学生自己独立完成学习任务的目前发展水平；二是在得到他人帮助的情况下，学生个体可以达到的发展水平。他将这两个发展水平之间的区域叫作“最近发展区”或“最佳教学区”，它代表了一个处于形成和发展成熟状态之间的认知形式。这意味着，这个概念描述了一个人正在发展和成长的阶段，但他还需要额外的启发和支持来达到更高的水平。据此理论，教师的成长需要领先于学生的成长。学生的个体差异，既指目前的发展水平差异，也涵盖了他们潜在的高层次的水平差异。为了更好地促进学生个体的发展，教师应该在组织教学活动时，考虑到学生个体差异的两个层次，并采用分层递进式的教学方法[①]。

教师要根据学生的不同能力水平实行分层递进教学，根据他们的知识掌握状况和需求规划相应的教学内容，并制订针对不同层次学生的最近发展区的教学目标。为了提升认知水平和综合能力，学生需要通过各个层次的学习来不断完善自己，这样才能将最近发展区转化为现有发展水平。

结合学生的具体情况，采用分层递进式教学方法，在课堂教学中能够最大程度上调动学生的积极性，激发学生的探索精神，让不同层次的学生有机会发挥自己的潜力，从而提高学生的综合素质和能力。

（四）影响分层递进教学法在课堂实施的因素

真正使分层递进式教学法在计算机课堂教学中得到有效实施受到多种因素的影响，这些因素包括校园文化和班级氛围、教师对待学生的态度和观点以及学生的心理素质等等。教师对学生的评价是这些因素中影响最大的一个。

课堂是由教师和学生共同参与的，是课堂教学的主体，课堂的核心活动是他们之间的交流和互动。因此，教师和学生之间的关系对教学效果有重要影响。实际上，教师对学生所寄予的期望对他们来说是一种看不见的动力，能够激发他们

① ［苏］列・谢・维果茨基．维果茨基全集 第 6 卷 [M]. 合肥：安徽教育出版社，2016.

的学习热情。在班级中，成绩出色的学生往往会拥有更强的动力和更高的积极性，因为他们能受到教师更高的期望和更密切的关注，这能进一步推动他们变得更加自信、努力，形成了一个良性循环。相对而言，学习成绩较差的学生，他们通常受到的关注和关爱较少，因为教师对他们的期望比较低，故他们的态度也会比较消极，这会对他们的积极性产生负面影响，容易出现反应迟缓、思维不敏捷等问题，从而形成一个恶性循环。

因此，教师需要全面深入地了解每个学生，制订适合他们的关怀措施，并对不同水平的学生寄予不同的期望。尤其针对那些成绩较差的学生，教师应该帮助他们建立起自信和自尊，这样他们可以在教师和同学的支持下克服困难，提高学习成绩，并且激发他们的学习兴趣。

由此可以看出，学生的心理成长和情感体验受到师生互动关系的影响，同时这种关系也是影响分层递进教学的主要因素。师生间应该保持民主、平等、互相关爱的关系，教师对学生应该充满关心和爱护，师生之间要相互尊重。营造良好、和谐的师生关系，能营造最佳的课堂氛围，让学生发挥主体作用，进而积极参与到课堂教学活动之中。

第三节　高校计算机课程体系建设

随着高校计算机基础教育课程在全国高校的普及，计算机基础教育课程所面向的对象、要求及任务，都各不相同。从最初计算机基础教育课程是理工科的必修课发展到选修课，再从选修课发展到非计算机专业的必修课，计算机课程体系经历了一系列层次结构的演化。

一、高校计算机课程的发展历程

（一）从理工科的必修课到文科选修课

自 20 世纪 80 年代起，非计算机专业的高校逐渐开始加入了计算机教学课程。自 1985 年起，全国高等院校计算机基础教学研究会采用“层次教育”概念，旨在建立适合计算机基础课程体系设计的教育模式。这项创新性举措旨在促进教学效果的提高。1991 年，为促进全国工科院校计算机教育的发展，国家教育部成立了“工科计算机基础课程教学指导委员会”，该委员会将计算机教学划分为三个主要类别：计算机文化、计算机技术和计算机应用。这一举措旨在推进计算机教学的发展，为学生提供有针对性的应用技术教学，以满足不同专业的需求。国家教委在 1995 年制定了 5 门计算机基础课程的层次、名称、目的与任务及对象。这套课程的设计是为了让大学工科专业的学生掌握卓越的计算机软件开发技能。（表 2-3-1）

表 2–3–1　工科专业的计算机课程体系

层次	课程名称	课程内容与目的	课程性质
第一层次	计算机应用基础	介绍计算机系统、操作系统、数据库系统的初级知识，字表处理软件使用方法，使学生掌握使用计算机应用基本技能	公共必修课
第二层次	计算机原理与应用	介绍微机的基本组成、工作原理、接口电路及硬件的连接，建立微机系统的整体概念	工科专业必修课
第三层次	软件技术基础	介绍开发软件基础知识（包括数据库），为今后开发应用软件奠定基础	必修课

进入 21 世纪以来，计算机科技持续创新，硬件、软件在源源不断地升级，同时，互联网和多媒体技术也在不断进步，这为计算机应用开启了一个全新的发展篇章。因此，在构建课程体系时，除了要包含计算机应用基础和程序设计语言等课程外，高校还应考虑将当前和未来对社会产生重大影响的新兴领域和前沿技术纳入课程体系中，以满足信息化社会的需求，同时要保持课程的先进性和实用性。因此，为了满足不同学校的要求，不同高校针对理科专业进行了设计，开设了计算机课程。这些课程在名称、教学内容和性质等方面的调整和安排都有所不同。（表 2-3-2）

表 2-3-2　理科专业的计算机课程体系

层次	课程名称	课程内容	课程性质
第一层次	计算机文化基础	Windows 操作系统；计算机组成、原理和用途；算法、数据结构、数据库、软件工程的基本概念	公共必修课
第二层次	计算机基础	计算机硬件技术、软件技术、网络技术	公共选修课（限定选修）
第三层次	专业应用技术	如 Matlab，3DMAX 等	专业选修课（选修）

《中国高等院校计算机基础教育课程体系（2008）》（简称 CFC2008）是由中国高等院校计算机基础教育改革课题研究组撰写的，它为各学科领域的计算机课程体系设计提供了有益的指导。除了是计算机教育工作的必备指南外，这个课程体系还融合了 20 多年来计算机基础教育的实践经验，具有极高的实用价值。各大学可以根据 CFC2008 的规定，制订适合自身特长的课程安排。以下仅涵盖了计算机课程在理工和文科专业中的设置。（表 2-3-3、表 2-3-4）

表 2-3-3　理工类专业的计算机课程体系

层次	课程名称	课程性质
第一层次	计算机与信息技术应用基础、程序设计基础（不同专业可选择一或两门）	必修
第二层次	计算机硬件技术基础（非机电类）；微机原理与接口技术（机电类）；单片机与应用系统（机电类）；数据库技术与应用	限选或任选
第三层次	多媒体技术与应用；网络技术与应用；计算机辅助设计系统	限选或任选

表 2-3-4　文科非财经类专业的计算机课程体系

层次	课程名称	课程性质
第一层次	计算机与信息技术应用基础（应用基础、网络应用、数据库与程序设计）	必修
第二层次	网页设计基础；电子商务应用；电子政务应用；多媒体技术及应用；数据库基础及应用	限选或任选
第三层次	社会统计分析软件应用；分析软件应用；程序设计及应用；三维建模与动画设计	限选或任选

（二）从文科的选修课到非计算机专业的必修课

现代计算机基础课程的全面性和适用性在理工类和文科类课程体系中得到了充分体现。文科类专业在众多非计算机专业中占较大比重，不仅如此，在高校专业设置中，文科类专业也是不可或缺的重要组成部分。最近几年，高校广泛推行信息化教育，要求非计算机专业的学生也提高信息素养和技能水平。因此，构建良好的计算机基础课程体系变得尤为关键。一些学者对高校非计算机专业开设的计算机基础课程进行了长期研究，并针对高校信息化教育的现状进行了调查和分析，最终提出了一套适用于非计算机专业的课程参考体系。这门课程的主要目标是为大学生提供他们所需的计算机知识，并考虑了非计算机专业学生未来从事各行各业所需的实际应用。（表 2-3-5）

表 2–3–5　非计算机专业的计算机课程体系

层次	课程名称	课程性质
第一层次	计算机与信息技术应用基础（计算机应用基础）；计算机与信息技术应用基础（网络应用）；现代教育技术	必修
第二层次	计算机硬件技术基础；多媒体技术与应用；多媒体应用与网页（Photoshop，Flash，Authorware，FrontPage）；计算机辅助教育；网络技术与应用；网络多媒体技术；数据库基础及应用；程序设计及应用；常用工具软件	限选或任选
第三层次	如 MATLAB、几何画板、CoreDraw 等	限选或任选

中国计算机基础教育在过去 20 多年里经过不断的探索与实践，从最初的只在几个理工科专业开设逐渐扩展到如今所有高校非计算机专业都设有相关课程，这一路走来，中国计算机基础教育经历了从无到有、由点到面的历程。在现今社会的大背景下，高校应当更加重视计算机基础教育中实践应用的部分，并且要加强学生自身能力的培养，进而提高他们的计算思维水平。

二、高校计算机课程体系建设需求

向所有专业的学生提供计算机基础教育是一项非常重要的任务，因为这直接关系到大学生整体素质水平的提升。这是社会发展的需要，具体要从以下几个方面分析。

（一）国家中长期教育发展规划对高校计算机教育提出的新要求

为进一步深化高校计算机基础教育改革，提高大学生的信息素养，使其成为社会发展所需要的复合型人才，多年来，从事计算机基础教育的专家们对计算机基础教育的培养目标、教学内容和教学方法等方面进行了多次的研究和改革，并收到了非常好的效果。信息技术的发展日新月异，高等学校的计算机教育面临新的挑战。《国家中长期教育改革和发展纲要（2010—2020年）》（以下简称为《纲要》）第十九章专门提出：要加快教育信息化。如何进一步深化教育改革、提高教学质量、培养大学生的信息素养，使他们更好地适应信息社会，仍然是教育界需要认真研究的内容。

《纲要》提出："要全面贯彻党的教育方针，坚持教育为社会主义现代化服务，培养德智体美全面发展的社会主义建设者和接班人。"①

因此，提高高等教育质量的重点是提高人才培养质量。只有一流的教育才能培养出一流的人才，从而建设一流的国家。因此高校教师要在人才培养中树立科学的质量观，把促进学生的全面发展及适应社会的需求作为衡量教学质量的标准。高等教育要努力培养全面发展的人才，使不同类型的人才能够适应多样化的社会需求。大数据时代已经来临，我们培养出来的大学生必须具有一定的信息素养，要能熟练运用信息技术。所以，计算机基础教育改革是高等教育改革和提高教育质量的一项重要内容。

（二）信息社会时代背景的需求

信息社会发展的不断加快，计算机和网络的应用越来越广泛，已经成为人类生活与工作最为基础和重要的手段。计算机技术应用型职业人才的需求越来越大，

① 人民出版社．国家中长期教育改革和发展规划纲要2010—2020年[M]．北京：人民出版社，2010.

但计算机及其相关专业的毕业生在数量上还远不能满足市场的需求，非计算机专业的毕业生与企业的人才需求之间还存在较大的偏差。

尽管高等教育中针对计算机专业的学生的培养体系日趋成熟，但对于非计算机专业的大学生来说，他们接受到的计算机教育方面的知识还远远不够，这使得那些非计算机专业的大学生往往无法熟练地应对和计算机相关的实际工作，最终导致这些学生在毕业后遭遇一定的就业困难。这种情况的出现往往是因为这些学生在高校的学习期间未接受充分的计算机技能培训。为了使非计算机专业的大学生能够适应社会发展的需求，高等院校在教学过程中更应注重培养非计算机专业大学生的计算机技能。计算机教育应该成为所有大学生的必修课程。

三、高校计算机课程体系发展策略

信息技术课程发展不是一个事件，而是一个过程，如果把上文中对信息技术课程发展路向的研究看成求“知”的话，策略的功能就在于求“行”。因此，笔者将从保障信息技术课程的革新和可持续发展的视角来探讨中国信息技术课程发展的策略。

（一）制定系统化的课程政策

系统化的课程政策由三个方面构成：一是政策目标，它引领着课程政策制定的方向和目的；二是政策载体，它以文件或课程标准等形式出现，能保障政策目标的实现；三是政策主体，这里的主体指两类人，一类是政策的制定者，另一类是政策的执行者。课程政策直接影响着课程发展的方向、速度和效率。

1. 统一学科、社会与学生发展值

学科中心课程、社会中心课程以及学生中心课程是课程理论的三种思潮，而学科、社会和学生也是影响课程发展的三个重要因素。课程建设之初，课程内容往往都是取材于社会，因此，当时社会的价值观直接决定了课程的目标与内容，

而科技与生产力的需要是课程政策制定的主要依据。同时，社会在不断发展，社会的需要又会成为课程改革与发展的重要推动力，政府把课程作为经济重组与发展的主要策略已成强劲之势，正是计算机科学与技术的诞生，开启了中国信息技术课程之门。而以计算机为核心的信息技术的发展，又让信息技术课程产生一次又一次的变革。

传统的学科课程旨在让人们拥有学术知识、锻炼能力，布鲁纳主张“构成一切科学和数学之核心的基本概念，形成人生和文学的基本课题，是强有力的，同时又是单纯的”[①]。信息技术课程发展初期，在当时的条件下，中国信息技术课程是学科中心取向的，课程内容的选择以计算机科学与技术学科知识以及相关专家的知识体系为准，并以选修课文件的形式传达下去，这是基于当时中国国情的一种必然选择。当然，这种知识传递方式快速、便捷，能够以最快的速度在全国范围内扩散开来，而且这种课程政策也是具有中国特色的知识传递方式。时代在不断发展，社会生产力水平也在不断提高，处于这个时代中的人们对课程也有了更多的需求。20 世纪 90 年代以后，中国信息技术课程的设计和政策制定都开始转向对人的关注，所以我国高校才会把目前正在执行的信息技术课程目标定位在了对人的信息素养的培养上。

从形式上看，信息技术课程外显为一个知识体系，信息技术课程政策的核心问题是面临如何选择与组织信息技术知识体系中的各类知识，而实际上学生和社会的价值需求也要通过知识来实现，只不过没有外显在课程政策中。因此，可以说，知识是信息技术课程政策制定的内部因素，而学生和社会则是课程政策制定的外部因素，它们给知识赋予了相应的价值、使命和作用，让知识凸显出了其育人的一面，更进一步地促进了课程政策的制定与修订。虽然课程政策出台后，我们看到的主要还是知识的选择与呈现，但是我们应当知道其背后是有社会的需要和学生的诉求在起着助推作用。因此，如何使信息技术课程既要满足计算机科学

① ［美］杰罗姆・布鲁纳．布鲁纳教育文化观 [M]. 北京：首都师范大学出版社，2011.

技术学科发展的需要，也要满足社会与学生发展的需要，是信息技术课程政策制定之初应当考虑的问题。当然，我们追求的理想的信息技术课程政策正是学科、社会与学生发展需要的辩证统一。

2. 修订课程标准

课程标准作为课程政策的载体，是课程政策的最直接表达。普通高校计算机基础课程标准从颁布至今已有十多年时间，面对着社会环境的变化、学生的诉求，以及多年来课程实施中遇到的问题，教育界急需从国家层面作出回应，那就是对计算机基础课程标准进行修订，这样也能够保证将本书所设定的“路向”转化为具有约束力的课程政策。当然，课程标准的修订涉及范围十分广泛，本书主要关注的是课程专家和信息技术企业的精英人士在其中所作的贡献。

3. 教师专业发展一体化建设

教师是计算机基础课程持续发展的生力军，教师的专业化发展是计算机基础课程变革需要解决的关键问题。高校应该从计算机基础课程教师的职前培养与职后培训两个方面进行教师专业化发展一体化建设，为信息技术课程发展作出长远规划。

（1）整合高校信息技术相关专业

研究表明，计算机基础课程教师要想获得持久的专业化发展，其专业化发展能力尤为重要，而教师在职前教育中所获得的储备是一个关键因素。大学阶段所接受的教育对计算机基础课程教师将来胜任自己的职业有积极的作用，也能使他们对将来整个职业生涯有个感性的认识。但是计算机基础课程教师的可持续发展，正面临着大学的相关专业建设和育人机制带来的挑战。研究显示，教师的专业背景来源复杂，计算机专业背景占 43.5%，教育技术专业背景占 20.2%，还有 24.4% 的为信息技术专业背景①。作为一门国家课程，计算机基础教育除了要有自

① 黄珍，刘涛．计算机教师专业能力和教学水平提升路径探究 [J]. 无线互联科技，2020（19）：99−100.

己的基础学科，还要有专门的人才培养领域。为了真正做好信息技术教师职前和在职的衔接工作，高校必须意识到大学信息技术及其相关专业建设的重要性。从计算机基础课程教师的质量和来源来看，大学需要在进行学科专业的建设时做到两个方面：第一，各大学在进行专业设置和制订招生计划时，要明确规定此专业的育人价值、课程体系和学生的毕业去向；第二，高校要整合大学信息技术相关专业，在现有专业的基础上将信息技术课程中所设置的内容分别调整至计算机、信息技术、教育技术等领域。学生对这几个领域的学习不是孤立进行的，而是根据需要有目的地将知识整合在一起，并以综合方式呈现学习结果，这是一种信息技术专业内部的整合。

（2）支持信息技术教师专业化持续发展

计算机基础课程改革以来，在国家、地方政府、学校、学科专家、研究者的共同努力下，信息技术课程得到了广泛的认同。在“国培计划”等项目支持下，信息技术课程在十多年的改革实践中逐渐步入良好的发展轨道。对于信息技术教师来说，他们正在步入专业化发展与成长的上升期，因此，我们需要提供多种平台以支持信息技术教师专业化持续发展。首先，我们可以在国家层面制定信息技术教师专业标准，从而凸显信息技术教师职业的专业性，推进信息技术教师专业化进程，这也是国家提高计算机基础教师质量的一项重要战略。大多数信息技术教师在专业化发展方面有着强烈的诉求，但是他们并不能很好地把握自己持续化发展，需要教育决策部门、学科专家和广大研究者给出专业化发展的标准，给予他们专业化发展道路上的指导和引领，这也能够为职前信息技术教师培养和在职信息技术教师培训提供目标参照，能为信息技术教师的资格准入、退出、考核与评价提供依据，使其有章可循。其次，我们要持续开展以“国培计划”为引领的各类培训项目，相较于课程改革初始，后续培训的目标应定位在信息技术教师的专业能力提升上，同时，在培训方式、培训内容等方面要做有针对性的调整。

（二）开展科学化的课程开发

课程开发的功能在于研究、设计和管理课程要素的工作关系，为了实现预期的结果，这些要素将在教学阶段被使用。因此，科学化的课程开发应该是一个“以一种有序的方式组织环境，以协调时间、空间、材料、设备和人员等要素”的过程。信息技术课程开发需要从以下三个方面展开。

1. 一体化规划各学段的课程标准

在制定基础教育各学段的课程标准时，做到统筹规划是一个至关重要的原则。为了使课程整合计划实现一体化，教师需要确保各学段的课程目标和内容之间存在明显的联系和递进关系。尽管高中阶段的信息技术课程已经有了详尽规定，但义务教育阶段的课程标准却尚未确定，这使得不同学段的课程安排存在着明显的不协调。此外，教授的课程涵盖了信息技术的理论知识以及 Windows 操作系统、Word 和 Excel 等应用软件的相关内容。“微软培训班”已经成为信息技术课程的代名词，但学生们已经感到疲倦和厌倦了，因为他们需要反复学习相同的内容。对于喜欢使用电脑的孩子来说，计算机课程也同样让他们十分不喜欢。缺乏一体化的各学段的信息技术课程标准是导致当前信息技术课程组织混乱的根本原因，这对我国长期以来推进信息技术课程发展的成果造成了重大损害，也对未来科技人才的培养产生负面影响。为了确保所有年龄段的学生都可以理解，并鼓励他们成为未来的技术创新者，教师应该螺旋式地安排内容和知识结构，使课程内容可跨越不同的学习阶段，并相互关联。如果教师只教授普及型的信息技术，那么学生难以成为高水平的技术应用者。

2. 课程评价方式面向学生未来的专业选择

课程评价方式有过程性评价、总结性评价等不同的形式。总结性评价是信息技术课程的学业水平认定的主要依据，本书中的课程评价方式指的便是信息技术课程的学业水平认定方式。其中，考试是一种普遍使用的课程评估手段。近几年，中国多个信息技术课程实验区开始采用多样化的课程评价方式，包括不同形式的考核方式，不再单一依赖传统的笔试考试。只为了实现课程目标可能导致学生只有一些基础的技能和知识，或者考试内容可能覆盖历史、文学、美术和音乐等多个学科。这不仅会使教师和学生更加劳累，而且会降低信息技术学科的自主性。为了更好地培养未来的科技创新者，中国许多高校设立了信息技术相关专业。比如：考试可以根据课程内容的构成划分为多个模块，以供学生根据自己的需要进行选择。非信息技术专业的学生可以选择不参加信息技术专业的考试。这种方法能够提升信息技术课程的重要性，增进学生对其的正面印象。

3. 教师、学生参与课程决策

麦克尼尔（McNeil）将课程决策分为四个层次，即社会层次、机构层次、教学层次和个人层次。在不同层次上的课程决策所涉及的范围和侧重点是不同的。在社会层次上的决策，主要是课程标准的制定、课程目标的确定以及教科书和其他教学材料的编写等。在教学层面上的决策，主要是具体的教学目标、内容和方法的决策。

（1）发挥教师与学生在信息技术教材开发中的主体作用

教材编写的过程受到多方面的约束，包括编写者的个人情况、课程计划、编写周期和编写小组的结构。根据相关研究，学生普遍反映信息技术教材在课堂上的使用率并不高，信息技术教材的质量决定它在课堂当中的使用情况。虽然在计算机基础教师眼里，教材已经很好地体现了课标的思想、精神和种种规定与要求，但是从学生层面所体现出来的实用性不强的表现，还是对信息技术课程实施产生了消极的影响。因此，高校应该发挥师生在信息技术教材开发中的主体作用，提升教材在信息技术课程实施中的实用性，这样教育界也能根据学生和学校的差异，给教材的选择带来更多的机会。

（2）信息技术课程的选修内容切实做到教师与学生主导

目前，只有少部分教师能够决定信息技术课程的选修内容，大部分的教师没有这样的决策权力。这种现象如果长期存在于课程实施过程中，那么了解自己学校课程需求的教师只能对课程标准中规定的选修课无能为力，最终导致教师失去对信息技术课程最基本的热情，只是一个“教书匠”，不要说对课程的敏感性、创新性，就连基本的课程意识也会渐渐丧失。因此，教材的选定以及教学计划的制订必须有教师的参与，而教师自身也要积极主动地对教材的版本和内容提供实践层面的建议。当然，教师作为主导的同时，必须考虑学生的主体意愿，让他们参与到课程实践中来。而且学生们越来越意识到在有关教学组织安排的决定方面，他们有权发表意见。学生如果对某个内容感兴趣，自然就会有很强的学习动机。此外，当学生作为课程决策的主体时，信息技术课程学习的氛围自然就变得轻松愉快，更进一步说，学校的整体学习环境与课程改革的进程也会得到大大改善与推进。

四、高校计算机课程发展方向

回顾发展历程，我们会发现中国计算机基础课程正是在不断求新与求变的过程中前行着，随着社会的进步、技术的革新和学生的变化，中国计算机基础课程迫切需要经历一场新的变革。历史经验表明，计算机基础课程的每一次变革，最终都落实在了计算机基础课程的诸要素中。因此，笔者将在前文的基础上，从课程要素的层面探索中国计算机基础课程发展的方向。

（一）更新计算机课程理念

计算机基础课程会呈现的新特征，计算机基础课程主体对课程的诉求，以及中国计算机基础课程的现状与问题为中国信息技术课程发展的方向构建了一个宏大的时代背景。课程理念是指导课程改革的价值观念，计算机基础课程面临的问题，从根本上说也是课程理念的问题。因此，计算机基础课程发展的方向之一就是课程理念的更新。

1. 以“立德树人”为根本任务

《教育部关于全面深化课程改革落实立德树人根本任务的意见》阐明，立德树人是中国特色社会主义教育的重中之重，更是让学生成为全面发展的社会主义建设者和接班人的核心目标。课程是教育思想、教育目标和教育内容的主要载体，能集中体现国家意志和社会主义核心价值观，是学校教育教学活动的基本依据，直接影响人才培养质量[①]。中国已经进入信息时代，面对着经济全球化深入发展，作为“数字土著”一代的大学生有着更加自主的思想意识、更加多样的价值追求，以及更加鲜明的性格特点。面对日趋激烈的国际竞争，以及深入实施的人才强国战略，中国除了进一步提高国民的综合素质外，还要培养新时代的创新人才。然而，尽管信息技术迅猛发展，但信息犯罪也在愈演愈烈。这些犯罪威胁着国家安全、主权、知识产权和个人隐私，引起了全球关注和广泛担忧。此类犯罪已成为现代社会的一大社会问题。虽然这一社会问题可以通过技术、政策以及法律手段得到解决，但是产生这些社会问题的根源在教育，解决这些问题的根本办法也在教育。这些变化和需求对课程改革提出了更新、更高的要求。信息技术课程作为中国基础教育课程体系中的重要一员，应该在立德树人这一根本任务的要求下，进行积极且深刻的变革。

2. 以“核心素养”为育人标准

如果说立德树人是新时期中国教育新育人模式，那么核心素养回答的就是“树什么样的人”的问题。核心素养是落实立德树人根本任务的一个重要举措，也是引领教育改革的核心理念，更是课程改革的目标与灵魂。

（1）“核心素养”的内涵

从国际上来看，核心素养体系的建立已经成为各国的共识，联合国教科文组织、经合组织和欧盟等国际组织都在倡导“核心素养”的培养。2014 年，教育部

① 教育部关于全面深化课程改革落实立德树人根本任务的意见 [J]. 师资建设（双月刊），2015（1）：75-79.

发布了一份文件，名称为《教育部关于推进课程改革，落实立德树人根本任务的意见》，该文件解释了“核心素养”这个概念。《意见》强调必须开展深入研究并规定相应标准，以增强学生核心素养，提高学生学业成绩。2016 年 3 月，教育部发布了《中国学生发展核心素养》的征求意见稿，此举标志着教育部开始向社会征询意见。“学生发展核心素养”是指为适应终身成长和社会进步的需求，学生应具备的关键能力和必要素质，总体而言，这种素质与能力可以被分为九个方面，包括关注社会责任、认同国家身份、拥有国际理解力、有人文底蕴、拥有科学思维、具备审美品味、身体和心理健康、拥有学习能力和具备实践创新能力。核心素养不仅可以将各改革领域整合起来，还能推动改革的深入推进。在信息技术课程改革中，核心素养也起着至关重要的引导作用。除了考虑社会需求，课程改革也着重关注满足学生的成长需求。学生核心素养是学生成长的前提和驱动，在学生成长过程中处于核心地位；它是学生发展的基石，能催动学生向前发展。核心素养作为国家发展战略，它在深化课程改革、提高国民素质方面发挥了指导作用，能带领信息技术走入新的发展阶段，能作为育人标准引领教育改革。

（2）“核心素养”指导着课程标准的制定

世界各国和地区所构建的核心素养体系主要有三种：第一种是核心素养体系与课程体系同时存在，其中核心素养体系由专业机构研发，研发后与学校体系内的课程相整合；第二种是将核心素养体系放置在国家课程体系中，核心素养体系处于课程体系的上一个层面，并通过核心素养中的各素养指导着课程体系的建设和开发；第三种情况是不单独设置核心素养，由国家的课程体系的目标聚合而成为核心素养的外在表现。不管是何种模式，核心素养都与课程有着密不可分的关系。

因此，在后续的信息技术及其他课程的课程标准修订过程中，核心素养应该成为重要的参照系。中国的核心素养体系，是指每一门课程可以给核心素养带来什么贡献，每一门课程在制定的过程中都会涉及本学科知识的构建。学科知识在呈现之前，都应该对本学科的核心素养进行界定，再以之为依据，进行知识体系的构建。核心素养既是可习得的，也应该是可测评的。目前来看，中国信息技术课程只有内容标准，没有结果标准，并且在评价上只是给出“评价建议”，这就导致评价设计不够科学。因此，课程评价也需要指向“核心素养”，并在课程标准中细化评价的标准与等级。

（二）优化计算机课程目标

课程目标描述的是学习达到的预期效果。课程目标应当与教育目的和教育理念相一致，同时它也应是课程设计、课程内容选择的依据。信息素养作为计算机基础课程目标，已经不能完全满足学生发展的需要，此外，学生也表达了对课程应该培养创新能力的诉求。因此，教师需要优化计算机基础课程目标以满足学生发展的需要。

1. 养成数字素养

（1）“信息素养”作为课程目标的局限性

“信息素养”作为课程目标的表述在21世纪初就被引入信息技术课程，在中国教育信息化的进程中和信息技术扫盲的任务上确实起到了不可替代的作用。但是，时至今日它仍是一个宽泛概念，其涉及的领域也是方方面面，而且还没有明确的学科归属。翻看中国其他课程领域的课程标准，我们也能找到“培养信息素养”这样的目标定位。此外，信息素养对于教师的课程实施来说，显得过于上位，往往给人的感觉是“无从下手”。因此，在核心素养理念的引领下，中国信息技术课程目标优化过程中最基础的工作就是对信息技术课程目标原有的主导词语“信息素养”进行优化，给信息技术课程目标一个更清晰的定位，并找到一个最能体现学科特色和育人价值的专业术语来统领课程目标。

（2）“数字素养”是“信息素养”的延伸

“素养”是一个随着时间而不断变化、开放性的概念。随着一些日常行为或生活方式的普及及其影响力增强，传统素养的实际意义和价值可能逐渐减少，其教育效果逐渐降低。因而，我们应该提出并普及一种新素质以适应社会需求。1994 年，以色列学者阿尔卡提最初提出了“数字素养”概念，它包括了五个方面：图片—图像素养、再创造素养、分支素养、信息素养、社会—情感素养[①]。“数字素养”的底层概念是信息素养，从媒介素养、计算机素养、网络素养等一路延伸而来。其中，“媒介素养”起源于 20 世纪 30 年代，其提出是为了应对大众传媒给民众带来的冲击，美国学者认为媒介素养是指“人们对于媒介信息的选择、理解、质疑、评估的能力以及制作和生产媒介信息的能力。”“计算机素养”出现在 20 世纪 80 年代，弗里斯特・霍顿把对计算机处理能力的意识称为计算机素养[②]。“网络素养”指人们获取、理解、评价和应用互联网取得、生成信息的能力。网络素养指的是个体处理信息的能力，包括用网络学习、工作、交流和发展的能力。它不仅包含信息技术，还综合了思维意识、文化传承以及心智能力等。教科文组织认为，为了保持与环境同步，我们需要始终提升自身的信息素养。数字素养正是信息素养在数字时代的升华与拓展，是经过媒介素养、计算机素养、信息素养和网络素养的流变所形成的一个综合性、动态的、开放的概念。因此，笔者认为，数字素养就像读、写、算一样，是信息化社会的一个重要技能，它是学生学习信息技术课程后必须掌握的基本技能，具备数字素养的人能够自信、安全并有效地应用信息技术，并能通过信息技术来表达自己。

2. 培养技术创新能力

（1）技术创新能力的内涵

吉尔福德（Guilford）认为创造力是个体产生新的观念或产品，或融合现在的观念或产品而变成一种新颖的形式[③]，马斯洛将创造界定为自我实现，自我实现

① 杨燕，李兆延 . 数字素养框架体系探析 [J]. 时代人物，2020（21）：283-284.

② 王宁 . 信息素养 [M]. 昆明：云南大学出版社，2019.

③ ［美］J. P. 吉尔福德；施良方译 . 创造性才能 它们的性质、用途与培养 [M]. 北京：人民教育出版社，2006.

的创造力表现于日常生活中，就是做任何事都具有创新的倾向[①]。对于技术创新能力的研究，学者张玉山认为技术创新能力是个体在从事科技活动过程中表现和发展的创新能力，与一般性的创新能力不同，技术创新能力的内涵不只是多种意念的提出，同时，更要有工具的操作与材料的处理，最后，也要有成果的出现，也就是要包含科技的程序。吴明雄指出，技术创造力至少应包括两种能力：一是创造思考能力；二是技术创新设计能力。

大多数学者认为创新能力是个人与环境交互作用的产物，而技术创新能力就是人与技术交互作用的产物。学者叶玉珠对技术创新能力的界定最具代表性，她认为技术创新能力是个体以技术专业领域知识为背景，结合其他领域的相关知识、技能和特性、个人意向、经验、认知技巧及环境因素等，对技术领域部分发明创造或是现有技术革新，达到效率更高、更实用的器物或更美观的产品的一种能力[②]。

（2）技术创新应该成为信息技术课程的高阶目标

随着信息技术的不断升级，技术创新和信息技术产业迈向更高水平的发展至关重要。因此，高校不仅要传授信息技术的使用技巧，还要教授学生如何创造性地运用信息技术。在数字化时代，技术的开发者面对的任务非常繁杂，他们需要拥有卓越的技术创新能力，并进行高度创新、复杂的工作。个人若具备技术创新能力，便能够以更为高效和高质的方式完成任务，进而提升生活水平。发展创新能力需要我们掌握科学知识，从而更加深入地理解技术的内涵。在未来的信息技术领域，需要具备技术创新能力的人才，他们要能够领导科技进步、社会发展并推进新的道德价值观的形成，为中国在技术创新方面的竞争力奠定基础。从学生发展的角度来看，我们可以把数字素养看作信息技术课程的通识目标，把技术创新看作信息技术课程的高阶目标，而技术创新能力的培养需要以数字素养为基础。

① ［美］亚伯拉罕·马斯洛．人的潜能和价值 [M]. 杭州：浙江人民出版社，2022.

② 叶玉珠，吴静吉．创意发展组织因素量表之编制：以科技产业为例 [J]. 应用心理研究，2002（15）.

（三）构建计算机学科核心素养

1. 信息技术学科核心素养的内涵

“学科核心素养是学科的灵魂”，信息技术课程作为一门学科课程，承担着发展学生核心素养的重任，也理应有本学科的核心素养。各学科需要结合本学科内容与特点提出该学科实现核心素养的具体目标。关于核心素养与教育目标、学习结果的关系，华东师范大学杨向东教授认为，学科素养是学科教育目标的具体化，是学科育人价值的集中体现①。无论是数字素养还是技术创新能力，都不能成为课程改革过程中的一个口号，把它们落到实处意味着构建信息技术学科核心素养体系。根据《现代汉语词典》（第 7 版）的定义，“素养”是个人完成某种活动所必需的基本条件，既包含能力，也包含知识、方法、观念等。若从“素养”的本义延伸看，信息技术学科核心素养应是一个人通过信息技术学习而获得的信息技术知识、技能、方法与观念，或者说是个人从信息技术的角度来观察事物且运用信息技术来解决问题的内在涵养，由信息技术知识与技能、信息技术方法、信息技术观念等组成。

信息技术学科核心素养应体现学科的本质，而非受到时代和国界影响而改变。核心素养是信息技术学科内在价值的最重要表现，它是与学科本身紧密相关的，不能被其他学科的学习所取代。学生应该通过使用信息技术解决实际问题。在学习过程中，学生要掌握最为实用的知识、关键能力和必要的观念，以满足其未来终身发展的需要。计算思维、数字化学习、信息意识是信息技术学科核心素养的组成部分。信息技术学科能够在计算思维方面展现自身的本质特征，数字化学习是信息技术学科的学习方式，信息意识是信息技术学科的育人价值体现。

2. 计算思维

1981 年，苏联的计算机教育家叶尔绍夫预言，人类将不可避免地生活在编程

① 杨向东．指向学科核心素养的考试命题 [J]. 全球教育展望，2018（10）：39-51.

的世界里。在这个世界中，人类文化和程序设计不仅共存，而且还互有练习，造就了新的人类思维方式①。叶尔绍夫的预言已经实现，在这里，我们应该把叶尔绍夫预言的这个世界看成一个大的系统。从系统科学的角度来看，信息系统是由人、技术和信息三个核心要素组成的系统，它的功能就是在人与技术的相互作用下，完成信息的输入、处理和输出。从管理学的角度来看，信息系统是一个面向对象的系统，这个对象就是人，人既是信息系统的生产者，也是信息系统的消费者。

综合国内外的研究以及信息技术课程的本质需求，笔者认为，具备计算思维的学生能够形成像计算机在运行程序时一样的思维方式，有的人是分支式思维，有的人是循环式，有的人是递归式，等等。对于学生来说，计算思维表现在以下几方面：在信息系统的消费和革新活动中，可以使用计算机来定义问题、抽象问题特征、构建模型、组织数据；利用信息系统中的信息和计算机，设计算法和方案来解决问题；总结使用计算机解决问题的经过与方式，将其转移到其他问题的解决上。

3. 数字化学习

联合国 1996 年发表的《德洛尔报告》提出教育的四大支柱：学会认知、学会做事、学会合作和学会生存。而联合国于 2015 年发表的研究报告《反思教育：向全球共同利益的理念转变》中对学习又重新进行了界定："学习可以理解为获得这种知识的过程。学习既是过程，也是这个过程的结果；既是手段，也是目的；既是个人行为，也是集体努力。学习是由环境决定的多方面的现实存在。获取何种知识以及为什么，在何时、何地、如何使用这些知识，是个人成长和社会发展的基本问题。"这一定义意味着今后的教育将以"让人们学会学习"为重点。学习方式的习得就是习惯的养成。因此，信息技术学科应当鼓励学生进行有意义的创造，应将学习者培养成数字化学习的主人、学习过程的主动知觉者。信息技术课程在学生的数字化学习方面具有得天独厚的优势，能够为学生提供数字化的学

① 姜振寰. 世界技术编年史 通信电子无线电计算机 [M]. 济南：山东教育出版社，2020.

习环境。此外，现行的课程标准也规定了高校要通过信息技术课程构建数字化的平台。因此，学生可以利用信息技术教学过程中所构建的环境进行数字化学习。相关研究结果显示，学生对信息技术课程的诉求中，关于学习方式有合作学习、交流互动、自主学习和实践操作等，同时他们还希望有开放的网络和丰富的资源，这也符合数字化学习的特征。因此，学生在学习方式上的诉求，就是对信息技术课程数字化学习的追求，并在此基础上形成的信息技术学科特有的学习方式。

第四节　高校计算机教学管理建设

提高教学质量是高等院校各项工作的重中之重，而教学管理是提高教学质量的重要途径，加强教学管理对规范高校各项管理工作和提高教学水平起着十分重要的作用。随着高等院校计算机专业招生规模的日益扩大，学校教育资源有限以及学生数量不断增加等因素，使得计算机专业教学的开展面临很多问题。

一、高校计算机教学管理模式的内涵

建立全面的教学管理机制有助于教师及时发现和处理教育教学中出现的问题，进而提高教学质量，实现培养高技能人才的目标。为了对学校的教学进行更好的管理，我们建议设立一个专门的督导队伍，其中的督导者应该具备综合评价和指导教学部门管理工作的能力，要能根据学校的实际情况和发展计划制定具体的规划，以满足不同专业的需求。学校应该在计算机专业教育中注重基础知识教授，重视培养学生的专业方向。高等教育机构应当考虑到社会、行业和企业对于人才的需求，制定出课程标准、教学大纲、课程安排、教学内容和教学过程等，以帮助学生获得满足应聘所需的能力。同时，高校要促进计算机领域的发展，还需支持国家的创新型人才培养计划，鼓励年轻教师和学生敢于积极创新，以提升其协作能力和沟通交流技巧。监督员在确保监督工作准确性的同时，要长期进行高质量的服务，集聚他人的意见和建议，营造有利于双方之间的互动教学的良好环境。

教师是计算机教学质量管理中不可或缺的要素。要使教学质量不断提升，督促教师需要对教学方法进行探讨，强化师资队伍建设。教师要对计算机领域的最新趋势保持敏感性，跟随社会发展潮流。年轻的教师要不断沉淀教育经验、钻研教学技巧，以便提升学生的学习积极性和自身的教学能力。计算机专业的特殊性质要求教师不断更新并充实教材。随着越来越多的网络开放课程，例如慕课（MOOC）等的涌现，教师需要更加重视终身学习。学校应该加强教学管理，为教师提供更多的学习机会，比如组织年轻教师前往一线企业。

鉴于计算机技术日新月异，从事计算机专业的人需要不断学习。教师的职责是辅导学生掌握计算机知识，以培养他们自主学习的能力，让他们跟随计算机行业的变化，保持敏感度和学习动力。所以，在进行计算机教学管理时，教师应该更加重视学生综合素质和能力的提升，而不是仅仅注重完成当下的教学任务。随着计算机技术的飞速发展，现今的工作越来越复杂、烦琐。因此，我们只有通过团队协作才能够达成任务的顺利完成。学生应当拥有卓越的团队合作技能、优秀的口头和书面沟通能力、强大的适应性和实践能力以及扎实的组织和管理能力。我们应该重视素质教育，关注学生全方位的发展，包括但不限于学习心态、课堂出勤、课堂纪律以及作业完成等各个方面。另外，我们需要激发学生的积极性，鼓励他们积极参加科技竞赛，并接受培训。同时，我们也需要提高学生的人文素养。为了确保专业人才的培养方案更加贴近实际需求，学校必须主动征询用人单位的反馈，以便及时对学生培养计划进行调整。

二、高校计算机教学管理问题与解决对策分析

（一）高校计算机教学管理问题

1. 教学管理模式尚不完备

随着计算机科技的不断创新和国家对计算机教育的新要求出台，现有的管理制度已经陈旧，无法满足当前需要，许多方面都经历了明显的改变，包括培养人才

的目标、专业课程设置、教学管理方法以及学生水平。过去的教学管理模式偏向于理论而疏忽实践，主要注重理论学习，而忽略了不同专业人才培养的差异，而高校也未能制定针对不同专业特点的专门管理机制。为了满足不同专业的特点、适应时代和社会科学的发展要求，高校需要建立更具科学和灵活性的教学质量管理体系。

2. 实践教学资源短缺

如果允许的话，机房应该被列为计算机专业教学的主要教学场所。将教学与实践相结合更贴合学生的学习方式，同时也能提升教学成效。教学资源不足、实践课程不充分，会影响教学进程的流畅度。由于计算机专业注重应用，教师需要更充足的实践教学。在计算机领域，实践教学是至关重要的，它直接影响到学生的就业前景，可以培养应用型人才，为社会作出积极贡献。

3. 缺少以人为本的人才培养模式

学校的教学质量监控和管理体系并不是以学生为核心的。现阶段的学校在管理教学质量时过于依赖行政权力，没有将专家学者的监督和建议摆在重要位置；教学质量评价只重视奖惩结果，对于问题的客观诊断和解决缺乏有效手段。此外，现阶段的高校在进行教育改革的时候，不能客观地评价教师、学校干部和教师之间的互动不足；在评价学生的成绩时，比起实践能力更重视理论知识。如果过于在意成绩，高校就无法实现整体的成长。

4. 教学的连贯性和发展性

计算机专业的课程具备连续性，后续学习应该以先修课程为基础。为了保证学生顺利学习，排课教师和授课教师需要合作，制定出符合逻辑的后续课程安排，以确保学生能有序和完整地进行学习。实际的排课过程中，对于排课教师和授课教师之间交流不够顺畅的问题，教学管理方面应予以重视。

（二）高校计算机教学管理解决措施

学校管理层应实施公正、负责和透明的监督措施，以确保计算机专业教学质量的提升。此外，高校管理层必须鼓励师生参与教学过程，让他们采用多种途径获取有关教学反馈方面的信息。根据这些信息改善教学环节和教学过程，高校能够清除可能会影响教学效果的因素。对于上述问题，我们可以采取以下举措，以提高计算机专业教育的管理质量，确保质量管理制度的建立。

1. 设立教学团队和导师制度

如今，计算机专业越来越强调团队协作。要实现这个目标，我们需要建立一个团队，该团队由经验丰富、具备强大研究能力的人组成，且该团队应该具有稳定性和相对独立性。这个团队强调团队成员之间的交流和资源共享，旨在帮助年轻教师更快地适应工作。由于教学和研究方向高度匹配，该团队成员之间能够深入交流，具体内容涵盖教学计划、课程开发、授课、辅导、作业和成绩评估以及相应的实践。学校可以指派一位导师，根据学生的专业背景，为其定制学习计划和研究项目，以提升学生的学习效果与职业竞争力。

2. 开展多层次评估工作

评价教学质量是管理教育效果的中心和有效途径，同时也是构建健全教学质量管理体系的必备部分。第一，学院领导负责制订听课计划。每年学校都要组织展示公开课，目的是让年轻教师可以从优秀教师身上学习教学经验。年轻教师可以从实际操作中获得珍贵的教训和建议，同时能了解自己的教学优劣势。第二，教师之间要互相评估。学校要为领域内或同一门课的教师提供一个相互交流、学习和资源分享的场所，设立教研室这有助于教师们相互补充、互相学习，因为科目相同的教师更专业，能够提供更实用的建议。第三，学生要对课程进行评估。学生一方面是受教育者，另一方面也直接参与到教学中。在教学过程中，师生双方都应积极参与，以提高教学质量。通常情况下，在一个学期结束或者课程结束时，学生评教工作就应开始。评估管理系统将展示教师的教学表现。学生有权对教师的教学态度、教学素养、教学内容、教学方法和学习成效等方面进行评估，他们可以提供有价值的反馈。此外，学校需要运用其他可行的手段，例如开展学科竞赛、设立奖学金、实行扣分和惩罚制度等。师生互评能促进双方良性互动、激发双方的积极性，进而提高教学质量。

3. 提供多渠道学习机会

学校可以给缺乏教学经验的教师提供帮助，比如让他们观摩有经验的教师的课程、参与实践活动或者去企业学习。促进教学经验的共享可通过举办微课和说课比赛等方式实现。为了唤起校内教职工对计算机领域最前沿动态的兴趣，高校可以邀请学术界的教授来做演讲；可以定期邀请业内专家到校指导，安排学生参观计算机企业促进交流；可以鼓励学生积极参与比赛，以推动他们在实践、动手和团队合作的能力。

4. 转变教学方式和教学观念

教育专家应该注重学生的基础学习，同时要紧跟时代发展，传授最新的学科知识。目前，政府倡导的教学方式是“翻转教育”，这种教学方法强调师生之间的互动沟通，它取代了过去单方面的传统教学方式。除了传授知识，教师还需要引导学生发现和解决问题。转变教学方式和教学观念后，学生成为主角，教师则不再单纯掌控，而变成解答疑惑的角色。

5. 重视实践实训的教学

计算机课程要求学生进行实践操作。教师要通过实践活动来帮助学生巩固理论知识，提高他们的实际操作能力，为其今后的职业发展打下基础。除了邀请企业工程师到校授课外，教师也可以带领学生前往企业实习，以促进实践教学的良性发展。

三、高校计算机柔性化教学管理模式

（一）柔性化管理的内涵

柔性管理是一种全新管理模式，与刚性管理相对。刚性管理是以制度为基础、以工作任务为焦点的管理方式。柔性管理以人为中心，推行人格化管理，以共同的价值观、文化和精神氛围为支撑。此方法基于对人类心理和行为规律深入研究，采用非强制的手段，通过激发管理对象内在的认同感，实现组织意愿向个人意愿的转化。人们关注柔性管理方式，因为它注重员工内在的需求，如人性、情感和精神。因此，这种管理方式更能够满足现代“90后”“00后”的个性化成长需求。

柔性化管理是一种以学生情感和行为规律为基础的管理方法，它强调服务和支持，避免过度强制的管理方式还强调使用各种灵活的管理方式，重视每个人的个性化需求。该方法可以激发教师和学生的自我动力，让他们尝试挖掘个人的潜力，并且在实践创新方面使学生有所提升。学校要努力实现从依靠经验的管理方式向更加科学的柔性化计算机专业管理方式的变革，这种改变可以消除个人偏见对学校管理的干扰，从而提升学校管理的可信度和效力。

（二）计算机专业柔性化管理存在的问题

1. 实践管理的地位尚未得到确立

实践性课程和实践性教学在计算机人才培养中至关重要，但它们的重要性尚未被充分认知。

2. 落后的实践教学环境阻碍了学生实践能力的发展

一般来说，传统实验室只在实验课程期间对学生开放，其他时间则不对外开放。传统实验室教学常常是按照固定的时间、班级、实验室和实验项目进行。学生被允许在规定的实验时间内进入实验室进行实验。不过，这一过程受到多种因素的影响，有时他们会被迫提前离开实验室，无法完成实验。

在许多学校中，实践教学通常被视为课堂教学的附属，因此实践教学的时间比较有限。为了确保实验课程的顺利进行，教师需要在有限的时间内规划实验教学内容。通常情况下，在实验前，导师已经仔细检验了相关实验设备，而学生会按照规定的程序进行实验，缺乏独立思考的机会。

另外，实验室内的大型精密仪器数量有限，需要将同一台仪器共享使用。这可能会导致部分学生无法在有限的时间内参与实验。

3. 实践管理尚未形式化、模式化和系统化

建立实践管理体系是必要的，它能确保实践教学的成果得到提高。目前，计算机柔性化实践管理在不同高校的发展程度存在差异，这妨碍了实践教学的整体推进；总的来说，相比其他方面，我们在经验借鉴和推广方面的发展尚不够成熟。

（三）计算机专业柔性化实践教学管理的实施

计算机专业柔性化实践教学管理的目的是赋予学生更多的自主权。学生可以根据自己的情况安排实验项目、实验时间和实验场地，而不受限于规章制度。该管理方法以学生为中心，强调保护高校的团体价值和文化氛围，从而进行个性化管理，能激发学生自我激励并富有创造力地进行学习，同时能提高学生的思考、沟通、实践和操作能力。

1. 打破专业限制

专业实验室是唯一能够进行传统实验教学的场所。通过实施灵活的实验室管理，不同专业的学生可以在同一门课程中自由选择实验室。举例来说，电气学院和计算机学院都设置了基础电子学科，涵盖模拟电路和数字电路，两个学院还分别配备了相应的实验室。进行实验室柔性化管理，不仅能加强学院之间的资源共享，还能解决实验室内部的限制、实验课程受限和不合理的排期等问题。

2. 建立开放性实验室

实验室的开放方式可被分为三种形式，根据实际情况而定：第一种开放形式为实验内容固定，但时间安排灵活，学生可以根据自己的时间安排实验；第二种开放形式是内容开放，学生有权自行决定实验题目，但实验时间由教师进行管理；综合前两种方法的做法是第三种方法。针对实验室的不同环境，有三种方法来安

排实验的时间开放。

（1）定时开放

由于实验教学任务的优先性，全面开放存在一些限制，例如实验场地、设备和经费等方面的限制。因此，在特定时间内，为了充分利用教学空闲时间，教学实验室将根据教学计划开放。

（2）预约开放

为了使实验室的安排合理，学生需要提交申请，教学实验室要考虑具体的实验项目以及参与人数。

（3）随时开放

学生自由选择实验内容和时间的前提是实验室的教学资源充足。由于计算机学院专业实验室设备资源有限，无法保证实验室长时间开放。因此，目前实验室只提供预约服务。具体操作如下：每学期开始前，实验室会发布空闲时间表，这样学生就可以申请。实验室在与相应课程教师商议后会通知学生结果。收到通知后，学生可以按照预约时间进行实验。

教学实验室可以使用三种不同的方式进行实验内容的开放，包括教学实验型、学生科研项目型以及自选实验题目型。教学实验型是指教学计划中涵盖的实验教学项目。有些学生需要时间来加强基本技能，或者因为时间安排、请假或生病等原因无法按计划完成实验，需要在其他时间完成实验。很多大学为了让学生参与科学研究，设置了科研立项基金，这就是科研立项型实验内容。创新活动小组提交申请并顺利设立研究课题，在获得导师的指导后，就可以制定实验方案，开始探究实践、分析数据并撰写总结报告。这个项目的主题根据学生的兴趣来确定，因此学生在实践中能表现出更强的自主性、积极性和创造性。自选实验课题型指的是学生利用实验室的资源，自己选择课题，并制定实验设计方案，探索实验流程，最终完成自己的研究项目。

四、高校计算机教育项目化教学管理模式

（一）项目化教学管理模式的概念

高校教育正努力普及项目教学管理模式，以提高教学质量。一个项目需要在规定的时间限制内完成一项独特的任务，并且需要达到既定的水平标准。高等教育中的项目，是为了创造可应用性产品而设计的学习任务。采用以项目为中心的教育管理模式，教师可以激发学生解决问题的热情，从而提高他们的学习能力。以项目为导向的教学管理方法重视人性化教育，强调将学生置于学习的中心地位，提倡学生在合作探索和解决问题中成长。如今的教育中，无法忽视的是协作和自主学习能力，它们已被广泛视为必不可少的能力。现代教育强调以学生为中心，让学生在特定环境下自主探索学习材料和资源，并在与教师和同学的互动中提高学习效果。为了唤起学生创新的热情，教学应该多方面发挥作用，包括借助情境、合作探讨和对话引导等多种方式，强化学生对学习意义的理解。在项目式教育的管理模式中，教师的角色是引导学生，并为他们创造一个适宜学习的环境。

（二）项目化教学管理模式的特点

这个教学管理模式将个人市场需求与课程内容相结合。项目在项目化教学管理模式中居于中心地位。在策划课程项目时，教师需考虑就业市场需求及课程内容。参与项目完成过程有助于学生在未来面对各种复杂挑战时积累更多的技能。

为确保项目成功，教师需要合理安排并协同团队成员的工作。项目完成需要多人合作，不能依靠个人独立完成。项目化教学管理常常采用分组学习的方式。教师要将项目目标进行拆分，并分配给各个小组，使之完成各自的目标，保证整个项目目标的成功实现。尽管在项目完成期间，每个成员会进行独立的工作，但进行协作交流是非常必要的。这样可以确保任务圆满完成，同时能提升学生的协作沟通能力。

有多种方法可以评估项目成果。完成项目后，教师应该进行评估工作，这需

要小组内部和不同小组之间进行评估，需要教师和学生一同参与。通过师生互评，教师可以更加全面地指导学生，解决更多的难题。

（三）计算机课程项目化教学管理的意义

高等教育的目的在于培养应用型技能人才，使学生具备胜任工作的能力，同时也要具备转岗适应性以及可持续发展职业的能力。除了学术知识，学生还应该掌握一些实际技能和职场规范。目前，社会迫切需要高校对大学的计算机专业课程进行改革。由于计算机技术的不断发展，教育系统很难及时更新教学内容，这使得学生难以紧跟技术的最新趋势。将前沿行业项目纳入教学内容，可大幅提升教学质量。

为了实现基于项目的计算机课程教学，高校需要搜集和整理大量行业实际项目案例。针对这些项目，我们需要进行整理和归纳，根据差异性采用不同的教学策略和技巧，制订教学计划。综合考虑，我们必须采取行动以提高现有项目的培训效果。一些项目设计可能会有限制，只重视特定的业务活动。除此之外，真正的企业项目数量并不多，而比如学生管理系统和图书馆管理系统等项目更多地被用于学校。为了解决该难题，我们需要采取项目质量管理措施，确立明确的课程开发流程，在各个开发阶段严格把控，为教师提供项目化教育的平台。

（四）计算机课程项目化管理与教学网络支撑平台设计

1. 平台公共模块

（1）登录系统

平台要求用户进行身份验证，并且根据他们的角色（课程项目管理员、指导教师或学生）记录登录日志。针对不同用户，平台需要提供适合的系统功能。

（2）平台信息更新和维护模块

这个模块主要负责管理和维护项目化课程信息，和及时更新平台中课程相关的信息，如课程属性、类型、院系、项目内容等，以及更新和维护课程项目管理员、指导教师和学生的信息，具备支持增加、删除和修改这些信息的功能。

（3）统计报表子系统

教学机构可运用学生系统登录记录、项目完成情况和教师网络评估、等统计，提供实时、动态的项目教学和管理信息。这些信息内容包括考勤、教学情况和项目更新等方面。

（4）接口

平台接口与主要的学校网站之间建立连接，例如利用 IP 地址 192.168.0.254。学校需要将教学管理信息系统的数据自动同步到本平台。期末时，教师们可以运用教学管理信息系统来上传信息，这有助于解决他们繁重的行政工作。

2. 课程项目管理模块

（1）课程项目生成子功能

这个功能由教师和被雇用的企业专家实现。这项功能涵盖的方面包括项目的发展背景、目的、作用和来源以及与该项目相关的专业知识（涵盖学科理论和实践技能）、项目职位和具体任务、具有指引性的项目问题以及项目实施的具体步骤。

（2）课程项目监控、评价、评定子功能

这项功能可供教师、企业专家、课程管理员以及分校领导使用。为了确保评估的全面性，首先，教师们要相互审查模拟项目；其次，课程项目将接受企业专家的评估，课程负责人要定期对每个项目阶段进行监督和评估；最后，分院也要对开发项目进行评估。

3. 课程项目教学模块

此模块为授课教师专用。包含以下主要功能：

（1）运用网络平台进行点名。

（2）在项目中将子功能进行展示。我们可以选择并将已完成的项目进行展示，包括项目的作用和源头、与之联系的知识点、目标职位、项目实施的具体任务及引导性问题等方面。

（3）项目教育子功能。用户可以直接在该平台上使用应用程序开展项目式教育。

（4）审核功能。审查学生提交的子项目等作品。

（5）评定成绩子功能。完成相应子项目后，对学生的成绩进行评定。

（6）项目教学形成考试试卷的功能。

4. 课程项目学习模块

师生为该模块主要的受众对象。

（1）学生自主学习子模块

学生挑选并学习适合项目化学习的课程，在学习任务完成后，学生需要提交学习成果，而教师则要对学生的表现进行评估。

（2）上机考试子功能

在学完这门课程之后，学生需要进行一次电脑考试。

（3）在线交流子模块

该模块的系统可创造一种体系，能促进师生互相交流，教师和学生可以将大型项目分解为多个小组，达到技术交流和进度汇报的效果，以满足课程学习指标。

（4）资料收发子模块

为了适应学生课程项目化的学习需求，教师会分发一些项目文件、技术规范和参考书目给学生。学生可将项目总结和成果发送给教师，以便教师审查。这是一个很有用的模块，可为师生项目学习提供沟通的便利。

（五）项目化管理模式在高校计算机专业课程教学中的应用建议

1. 加强对高校计算机专业课程的认识

传统思维和方法对高校计算机专业课程的教学质量产生了深刻的影响。在大学计算机专业中，注重培养学生的信息意识是必不可少的，因为这是促进其他课程信息化发展的重要环节。因此，为了提高学生的独立解决问题能力并使他们更好地掌握计算机专业相关的内容，高校在现代化教学过程中需要更加重视该课程的教学，要应用项目教学模式，推翻传统的计算机课程教学范式和方式，开创全新的教育方式。

2. 科学合理地进行项目设计

在教学过程中选定恰当的项目具有非常重要的意义，因为这是计算机专业采用项目教学法所必需的前提条件。当选择项目时，教师应该全面考虑专业教学目标和学校整体教学目标，具体包含广泛的基础知识和必要的技能，并通过形象多项项目活动来激发学生的学习兴趣和积极性。学生完成项目，有助于他们发展合作和交流的技能。比如，学生们可以通过参与“网站建设与管理”实践，设置电子商务网站实训项目，进一步掌握电子商务网站的相关知识，明确实践任务目标，并遵循预设计划分步完成任务。

3. 加强项目小组教学

（1）成立项目学习小组

要实行项目教学法，学生必须进行团队协作，所以教师要先建立小组。当建立学习小组时，教师需要进行合适的队伍分组，确保小组成员的能力均衡，从而充分发挥小组成员的能力，避免各组之间出现过大的能力差距。例如：一个小组中全部学生都出类拔萃，而另一个小组则缺乏必要的基础知识，这就是不恰当的分配方法。在进行分组时，笔者建议将每个小组的人数控制在 5～6 人。假设有 51 名学生，教师可以将他们分成 10 个小组。有一个小组有 6 名学生，其余的小组都有 5 名学生。在进行班级学生分组时，教师需要兼顾学生的自主意识，让学生自主选择小组成员，同时借助学生的特长和兴趣，组合出恰当的小组。教师在进行小组分配时，需要优先考虑学生成绩、解决问题的能力和爱好等方面的因素，因为最佳决策的制定取决于这些因素。只有实施符合科学准则的小组分配，才能激励成员之间的相互合作与支持，协助他们完成各自的项目任务。

（2）加强小组内学生之间的互动与合作

学习小组形成后，小组成员应该对项目进行深入思考，协同解决项目所项目难题。为了更好地学习计算机专业课程，小组成员需要加强协作和互动。计算机专业课程的教学需要教师组织一个项目计划，要求小组成员从多个方面进行思考，比如项目准备、分配项目任务以及解决项目问题等，以积极地解决项目的问题。

（3）给学生进行示范

在学生处理各项课题项目期间，教师的协助是必要的。鉴于学生的问题解决能力不强，为了使计算机专业课程中的实践操作更加顺利，教师应该提供示范引导。为了避免学生在学习过程中感到无助和缺乏学习动力，教师应该帮助学生处理计算机操作和相关问题，以确保学生得到必要的指导和支持，按期完成各项学习任务。

（4）教师应该对项目完成的情况进行评价

学生在小组合作学习中，通过探索和分析各种项目、积极研究，可获得一定的研究结果。教师需要积极地并且有效地对学生在项目协同中的表现和项目完成情况进行评估，挖掘存在的问题，并向他们提供针对性的建议，帮助他们发掘需要努力的方向，以此来提升他们解决问题和学习的能力。

高校教育的重要目标之一是提高学生的实践能力。近年来，随着素质教育的不断普及，当前高校计算机专业的课程更加注重实践性教学。在高校的计算机专业课程中，教师要多采用项目式教学模式并开展合理项目、组织分组设计。以此为基础，学生能够培养自身合作与沟通能力，自主解决各种现实问题，实现计算机专业技能的提升。

第三章　高校计算机教学师资与教材建设

对任何一门学科来说，教师的素养与教材的质量都是至关重要的。本章分析的重点是高校计算机教学师资与教材建设，分为高校计算机教学师资建设、高校计算机教学教材建设两部分。

第一节　高校计算机教学师资建设

随着科技的快速发展，社会信息化水平不断提高，社会需要拥有多项技能的员工，因此高等教育机构在人才培养方面面临着严峻的挑战。在提高计算机基础教育水平和推进改革方案方面，教师是进行教学活动的重要的人物，是实践操作的最后一环。因此，加强计算机基础教育师资队伍建设可以确保高校人才的素质，进而满足社会人才需求。

一、高校计算机教育师资队伍建设的必要性及重要性

（一）高校计算机教育师资队伍建设的必要性

随着计算机改革的深入，社会正发生全面转型。计算机已成为人们工作生活的必备工具，信息化已经席卷了学习、工作以及生活。在工作中，多种电脑应用已成为常规操作。随着劳动力市场对计算机专业技术的需求不断攀升，高等院校需要进一步提升。高等教育中，随着计算机专业的发展，课程设置不断拓展，专业逐渐细分，学生的就业前景也越来越好，这对高校计算机教师的要求也随之提高。高校计算机教师可以尝试新的教学方式，例如提供与计算机专业相关的课程，

以帮助学生提高计算机意识、专业技能和道德素养及计算机专业素养水平。

由于计算机技术飞快的进步和日益变幻莫测的变化，高等院校的计算机教师需要不断提高个人专业水平，以满足社会对专业的高要求。作为计算机教师，他们需要掌握广泛的专业知识和实践技巧，以便更好地引导学生，进而培养出满足市场需求和标准的计算机专业人才。

（二）高校计算机教育师资队伍建设的重要性

高校计算机教师是人才培养过程中不可或缺的重要力量，担负着进行计算机领域基础教学活动并指导学生的关键职责。他们负责高校计算机基础教学活动的执行工作，需要对教学改革措施进行实践，从而为提高教学质量作出重要贡献。多种因素会对计算机教师的教育成果产生影响，包括：教学态度、知识架构、授课方式以及学术研究水平。这些因素会直接影响学生在知识和专业技能方面的掌握程度。计算机教师对培养高校计算机人才起着至关重要的作用，他们也是提升计算机教育水平的重要支柱。因此，对高校计算机教育的可持续发展来说，培养出一支高素质的计算机教师队伍不可或缺。

二、高校计算机教育师资队伍建设问题分析

计算机科学是一门快速发展和广泛应用的新兴学科，以工程性和服务性为特点。因此，为了满足创新型国家建设的需求，计算机专业的人才培养应更加关注培养学生的适应能力和创新能力。在计算机专业中，教师团队的培养至关重要。除了注重学生掌握理论知识，教师也需要特别关注培养学生实践和创新的能力。

在高校师资管理方面，高校需要特别关注以下要点：高校要制定高级人才发展策略，采用同等重视引进和培养人才的策略来建立高水平人才队伍；高校要灵活应用各种措施，重新规划聘用制度，开展年轻人才引进计划，加强后备人才储备；高校要根据学科发展建设团队，重新安排传统强势学科的教师队伍以支持卓越团队的形成，让新兴交叉学科得到有竞争力的学术组织和学术团队的支持；为

了充分发挥高水平人才的优势，高校需要加强队伍建设尤其是科研和教学辅助队伍的建设，以更好地支持教师们将精力投入于教学和科研工作中；为吸引更多的人才，高校需要多元化资源渠道，优化吸引人才的环境条件，包括生活待遇、薪酬福利、工作环境、软的制度资源以及学术环境资源建设。

仅仅依靠普遍的理论是无法创造出计算机学科的优秀师资队伍的，因为计算机学科具有特殊的属性。因此，需要以解决现实问题为导向，推进计算机学科教师队伍的建设。在计算机学科师资队伍建设方面，高校有几个方面需要改进：制度体系还没有完善，竞争和激励机制还有改进的空间，需要提升吸引人才的条件。很多高校计算机学科存在教师水平低下、师资资源短缺、学生和教师之间数量失衡的问题。提升计算机学科师资力量结构至关重要，高校要将在国内外大型企业工作多年的教师引入教学和科研，以更好地满足社会对教学科研的需求。创新团队缺乏具备国家级教学和科研水平的人才，同时经验不足，因此高校需要进一步完善团队的整合和优化。因而，高校需要更加关注激发创新思维能力的重要性。

（一）师资建设制度不完善

在确立科学的师资队伍建设管理制度的过程中；科学管理是促进师资队伍建设的重要手段。当前，高校需要改进高等教育中计算机学科师资队伍的建设制度。为了提升管理的科学性、精细性和规范性，高校需制定针对实际情况的师资队伍规章制度，营造一种竞争性氛围，激发教师的热情，同时也给予吸引人才的有利条件。

一些学者对国内外大学的成功案例进行对比分析。黄明东深入研究了北美地区高校教师职业发展、教学和科研管理、福利待遇、培训以及奖惩制度等方面的情况。在北美的大学里，评价制度是相对的，教师不用遵从任何固定指标的限制。建立奖惩机制以规范学术道德，这一目标可以通过制定相关法规来实现。高校应制订养老计划，旨在确保教育从业者在老年时享有经济保障；减少学校行政机构干预教育管理，增加教师和学生的参与度和管理能力。

美国和日本的高校均采用了终身制和任期制的双重管理制度。高校需要考虑不同教师和专业的要求，这样才能确定最适合的管理制度，因为每种制度都有其优劣之处。终身制和任期制相结合被看作是最佳管理制度，因为它具有选择性，可以根据不同的专业特点来安排不同的教学人员。在美国和日本，获得高校教学人员的高级职称非常严格，需要经过公开招聘、严格评估和任命三个步骤。两个国家均实行严格的评估策略，以审核申请人在教学、科研、社会服务等方面的综合素质。美国和日本实行了“教授治校”的政策。在课程安排、学生管理和教师人事方面，教授们至关重要，他们是基本的意象决策管理者。为确保职业教育师资队伍的质量和提升教师地位，韩国和日本制定了严格的法律和规定。此外，它们还改进了教师资格证书制度，并对职业教育教师培养过程中的问题、现状以及相关政策法规等方面进行了深入研究。

（二）生师比高

保持适宜规模的师资队伍是构建优秀教师队伍的基础。当前，许多高等院校计算机学科都面临相同挑战，包括生师比例失衡、缺乏庞大的高水平师资队伍以及缺乏学科带头人等问题。高等院校亟须实施人才外招内培工作，以引进紧缺人才，同时要保留当前的杰出人才、培养接班人才。

（三）硬件教材相对缺乏

目前高校计算机教学所使用的硬件设施和相关内容已经过时，这与现代信息技术对高校学生提高计算机综合能力的要求相差甚远，很多高校更无法利用计算机硬件领域最新的技术，部分高校甚至采用了过时的计算机产品。如今，计算机硬件的需求日益增长，计算机的构造也变得异常复杂。如果教师不能熟练应用硬件知识并缺乏了解，学生极可能会迅速对枯燥的计算机课程失去兴趣，缺乏计算机装配和维护的信心。此外，学校对于计算机组装与维护的重视程度不够高，教授的课程缺乏实质性的内容，这也导致教师难以收获理想的教学效果。因此，若想建立强大的计算机教学团队，高校必须提升学校设施的硬件水准。

（四）教师队伍专业素质缺乏

在新的课程改革中，教师的教学水平和专业素质至关重要，因为教师影响着学生的学习方法和知识获取方式。教师的表现会对教学质量带来影响，还会影响学生人文素养的提升。目前，这个问题广泛存在，并且在一些经济欠发达的地区表现得更加明显。一些偏远贫困地区因为经济条件不足，难以吸引优秀的骨干和一线教师，教师们常常采取保守的填鸭式教学方式，但是这种方式实际上并不能真正提高学生的水平。另外，一些教师的教学素养和教学经验不足以满足现代教育的需求，这可能会妨碍现代教学的推广。教师专业素质不足可能会破坏教学规范化，并严重影响学生学习和专业素质的长期提升。在目前的教育改革进程中，高校计算机教师们正在面临一个广泛的挑战，如果这个问题不能被妥善解决，它就会一直制约着高等教育的发展。为解决这些问题，高校必须加强教育改革，持续优化教学体系，鼓励教师激发教学热情，确保教学改革有序推进。

为了加强教师队伍建设，我们需要调整师资队伍的结构。目前，高校计算机学科的教师队伍在结构方面存在一些缺陷：缺少杰出人才、科学研究水平相对较低、学术体系相对不够完善、缺乏项目实践与企业合作等。我们必须时刻留意师资队伍的动向，采取提升学位层次、优化年龄分布、改善学缘结构等措施，完善我们的师资队伍，确保教学和研究能满足当前社会的需求。

（五）教师队伍缺乏实践

在计算机学科中，掌握实践技能至关重要。学生要学习的核心内容包括计算机硬件的装配、硬件架构分析和计算机维护等。学生只有亲身实践，才能真正理解和掌握这些概念。许多大学的计算机教学条件不充足，这些大学对经费、师资管理以及教育理念等方面缺乏充分的关注，有些大学甚至没有提供配备专门计算机教室的条件。此外，很多教师也缺乏实践应用计算机操作技能的经验。有些教师在教授计算机课程时，仅仅依赖于教材内容来讲解计算机的原理、构造以及维护知识。有的教师甚至照搬教材，这会限制学生的主动性和自主能力，不利于学生掌握计算机组装和维护的核心要素。许多大学在教授计算机课程时使用过时的计算机设备，而不是采用最新的设备进行教学。有一些大学仍在使用 Windows98 操作系统，这会导致学生在日常学习和实践中存在明显不足，从而导致学生在学习了计算机组装与维护课程后，遇到社会上的计算机问题时无法妥善解决，进而使得他们无法应用学到的知识。这会导致教师失去了教学热情，阻碍了教师队伍的优质发展。

（六）团队建设力度不足

在师资队伍建设中，创新团队建设至关重要。现在政府非常注重建立优秀的教学和科研团队，以提高教育和科研水平。但在团队建设方面，高校计算机学科仍然存在一些问题，如教师缺乏凝聚力，各自为政的情况较为严重，其跨学科合作和交流的力度也需要加强。团队的价值已得到广泛认可，但在教学和科研领域，各行其是的情况已对高校造成了困扰。这种现象的主要成因之一是传统学科分类限制了我们的思维方式，阻碍了不同学科之间的交流与合作，妨碍了新学科的出现和综合优势的发挥。第二个问题是关于“指挥棒”的问题。教师需要进行职称评定，需要申请课题、发表学术论文、出科研成果等。职称评定对于担任“第一作者”“学术带头人”或“课题主要负责人”有要求。因而，其他学科教师的投入的积极性相对较低，使高校和研究机构一般由导师和学生组成“学术团队”。第三个问题是经济利益的分配问题，其中包括研究经费的分配方式、科研成果转化所带来的收益如何分配，以及成果奖金的分配方式等。

高校应该通过创新思路，充分利用各种资源，采用科学、有效的方法优化整合师资力量，以推动计算机学科创新团队的建立、提升师资队伍的素质水平。

三、高校计算机教育师资队伍建设的目标与方向

高校计算机专业教师队伍建设的终极目标是不断提高他们的学科素养。教师要想提高专业素养，不仅需要关注政策、社会、学校等因素，也需要自我学习，明确专业发展的意识。要想实现专业上的进步，教师必须注重自我学习和职业培训，从而提升专业技能水平和专业素养。

（一）高校计算机教师专业知识

在知识领域，学者们对于知识的阐述纷繁复杂，同时该领域也存在多种知识分类标准。罗素将知识分为两类：一种是描述现实情况的知识，另一种涉及实体本身的属性。“关于事实的知识”可以分为直接知识和间接知识；“关于事物的知识”分为两类：直认式性知识（knowledge by acquaintance）和描述性知识（knowledge by description）。赖尔将知识分为四种：知道定义、知道原因、知道如何做以及知道去做什么的人。这个分类是基于对知识的价值理解所做出的。波兰尼认为，人类的知识可以分为两大类；表述成文字、图表和数学公式的形式，只是知识的一种类型。第二类知识是源自于我们亲身经验和实践的[①]。他将前者表述描述为显性知识，而将后者表述为隐性知识。隐性知识是那些具有实际应用和强烈体验性，但难以用文字准确表达和系统化归类的知识。

尽管对于教师知识的探究不广泛，但是学界已经涌现出许多观点。根据一些专家的看法，教师需要具备多方面的知识背景，例如学科知识、课程知识、教学知识、教学环境的知识和自身的知识。课程知识除了课程内容，还包括学生在学习过程中获得的。教学知识包括课堂管理、遵守规范、尊重并满足不同学生的需求、能力和兴趣等。教育背景知识包括学校及所处的社会环境。个人知识指的是了解个人的长处和短处。在学术界，还有其他对教学知识的分类，包括内容知识、一般性教学组织、课程知识、教学的内容知识、教育环境的知识、了解学生及其

① ［英］迈克尔·波兰尼．个人知识 朝向后批判哲学[M]．徐陶，译．上海：上海人民出版社，2017.

特点的知识以及对于教育目标、宗旨、价值及其哲学和历史背景的认识，也就是包括教学普遍知识、学科知识、教学内容知识和背景知识。

本书采用的是申继亮教授的教师知识解释，以适应教师现代化发展的需求。据他所言，教师知识的组成包含四个方面，包括本体性知识、有前提的知识、实践上的知识和通用的文化知识。本体性知识包括通用知识和针对某个特定领域的专业知识；条件性知识是指教育学和心理学的知识，即关于教师教学与学生学习规律方面的知识；实践性的知识包括教学艺术和教学风格的知识，即教师需要掌握课堂情景知识，及与之相关的内容；广博的知识和对某个特定领域的兴趣和专业知识是教师的一般性知识。除此之外，教师还需要具备具有符合时代潮流及开放的教育观念①。

1. 关于教育学基础理论知识

计算机专业的教师必须掌握教育学基础理论知识，包括教育学、教学、课程论、心理学及认知心理学等学科的知识。一位优秀的计算机专业教师需要了解教育与社会、经济、政治和文化等社会因素的联系，并熟知学生的学习特点和规律，从而有针对性地设计与创新教学方法。

2. 关于通识知识

在计算机专业领域工作，教师需要具备通识知识。教育从业者无论教授哪个学科，都需要具备广泛的通识知识和知识结构（通识类知识），同时要掌握教学基本理论和专业知识。随着计算机专业的发展，除了加深专业知识技能，计算机企业还将扩展至其他领域，例如社会科学、人文科学以及与人机交互相关的心理健康问题涉及的哲学等。计算机专业教师应该根据当前趋势，积极学习和掌握计算机领域各个方面的基础知识。为了有效地进行教学工作，计算机专业教师需要通过日常学习和进修拓宽视野，学习人文科学（如哲学、社会学、人类学、历史学）和社会科学等不同领域的知识，还要加强教学能力；计算机教师应积极了解与计

---

① 林崇德，申继亮．教师教学技能导读 [M]. 北京：华艺出版社，2001.

算机相关的各学科，例如信息传播、通信技术、科技、哲学、信息科学和物理学等，这将有助于其拓宽专业视野并提高教学水平。若想提高计算机专业教学的水平，计算机专业教师需熟悉教育学基本理论并拥有制定、设计和开发课程的能力，以便成为课程设计方面的佼佼者，从而推动计算机专业的教学发展。鉴于计算机专业与平面设计、室内装饰、环境设计等领域关联密切，教授计算机专业的教师需要具备一定的艺术素养。

3. 关于专业知识

在高等教育中，任教于计算机专业的教师需要具备多方面的知识。除了学习必要的教育理论和通识知识之外，他们需要深入探索计算机领域的知识，包括相关专业基础理论、技术和拓展知识等方面的知识。一名计算机专业教师，必须具备充足的专业知识，才能开展教学工作并实现自身的专业成长，这是他们保证教学工作持续稳定前进的不可或缺的要素。学科理论知识横跨多个学科领域，包含教育学、普通心理学、教育心理学、研究方法、学科教学策略以及高等数学等方面的知识。计算机专业教师必须拥有专业素养，这些素养涉及计算机基础、精通及操作计算机系统、软件开发技巧、编程技能、多媒体教学课件制作、微机原理以及数据结构知识等。此外，他们还需要精通动态网站制作。专业拓展知识是基于计算机基础知识的基础上的深入专业知识，对教师的职业发展水平至关重要。这个领域包括许多方面，包括人工智能和它的应用、信息管理和决策、媒体文化、虚拟现实技术，以及远程教育的理论和实践等等。

（二）高校计算机教师专业能力

现代教师需要具备专业能力，其中包括职业规划和自我提高的能力；获得新的知识，自我提升的能力；进行研究，改善教学的能力；反思评估，优化自我的能力。为了实现教学和生活方式的改变，教师需要接受新理念，理解生活和生存的内涵，善于应用现代计算机技术，具备良好的人际关系和沟通技巧，能够解决问题并进行实践探索；要能运用创新性思维，并进行实践；要拥有批判性思维并实现个人进步。

计算机专业教师要进一步完善学习专业知识，构建适合自己的专业能力框架。计算机专业教师必须具备的专业素养包括计算机专业课程的教学、课程设计和计算机教育的应用。此外，计算机专业教师还应该具备一些拓展基本能力，以促进自身的成长与提升，这些能力涵盖入门和进阶两个层次。

（三）高校计算机教师职业素养

无论从事计算机专业的教师还是其他专业学科教学的教师，都是大学中教书育人及肩负着教育和培养学生的重任的职工，需要授课并进行讲解、提高国家未来主要力量的素质，以便他们能够适应社会现代化建设的要求，并成为未来建设者和国家骨干。作为计算机专业的教育工作者，我们必须牢记职业道德规范，坚持对工作的热爱和无私奉献的态度；我们要遵守教师职业道德规范和准则，坚守对国家社会主义事业的忠诚；我们的教育理念应聚焦于学生，注重每个学生的独特性和个性需求，重视情感关怀和尊重理解，致力于实现全面多样化的教学和指导，以帮助学生全面成长、提高综合素质；我们要尽心尽力履行学校的教学任务，并严格遵循和贯彻学校的教育方针；我们要培养终身学习意识，持续自我学习，建立专业知识库并不断磨练技能，提升专业水平，加强专业能力，积极参与科研，不断追求卓越，实现具有创意性的成果。

高校计算机专业教授应该保持严谨的教学态度，具备无私奉献的意识，还应积极参与并推动计算机领域的进步。作为从事计算机教育的人，我们需要始终遵守职业道德和法律法规，引导学生保持良好的学习态度，同时遵守伦理准则和法律规范。

作为大学计算机专业的教师，我们应该对计算机领域的知识产权予以尊重，并积极支持和鼓励相关方面加强知识产权保护。随着信息技术的普及，个人机密资料的泄露风险不断提高。因此，私自获取、保管或损害他人的个人资料和文件是社会严格禁止的，我们必须获得他人的授权。故意传播个人隐私信息或泄露国家重要机密是不能被接受的行为。高校计算机专业的教师应该具备好的计算机专业道德修养，避免散布虚假或毫无价值的信息，不查看或散发给社会造成负面影响的内容，如色情、恐怖、暴力等内容；不购买、使用盗版或侵犯他人版权的软件，也不刻意创造或传播有害信息和病毒。

除了恪守职业道德规范，高校计算机专业教师还应该鼓励学生将所学的专业技能运用到切实可行的问题解决中。此外，我们还必须强调保护学生个人隐私和他人私人信息和数据的重要性，并强化学生积极尊重他人合法隐私权的意识。另外，计算机专业的教师还应当遵守网络信息伦理准则，帮助学生塑造良好的形象和道德品质。

四、高校计算机教育师资队伍建设的策略分析

一个注重创新的国家需要拥有具备创新思维的人才，这些人才需要得到具备创新意识的导师的指导。计算机教师团队正在思考制定和完善管理机制和措施，以提升计算机教师队伍的建设水平。高校要加强对师资队伍的管理，制订实施可行的计算机学科师资评估计划，促进竞争和激发学科创新的自主性，注重学科创新。高校还要加强教师队伍多样性，鼓励不同学科的教师进行互动合作，构建跨领域合作机制，也应注重计算机科学专业一流教师队伍建设。

（一）深化师资管理体系改革

建立完善的管理制度是确保计算机学科教师队伍发展的必要条件。如果我们想要提高高校计算机学科的教师队伍素质，就必须根据该学科的特点来制定适合的管理政策和规章制度，并采取切实可行的改革方案。

1. 加强师资建设的组织领导与经费投入

高校可以成立一个专业领导团队，致力于制订引进计算机学科人才的计划，并聘用最优秀的人才，以保证人才储备的质量。为确保建设目标和政策措施得到

真正执行，该领导小组还需关注人才引进计划的筛选、人才引进政策的制定和经费支持等方面的工作。

2. 研究师资建设的制度创新与机制改革

高等教育机构应该关注教师队伍的变化趋势，并积极探索和改善计算机学科教师的管理模式。为了达到最佳的师资配置，我们可以采取各种措施，比如邀请杰出的学术专家加入、培养青年才俊、不断创新教师队伍建设机制等。

3. 健全师资建设评价体系与激励机制

要培养一支杰出的教师队伍，高校需要建立健全的考核机制和评估体系，并利用竞争和奖励的方式来促进教师的积极性和创造力，帮助他们不断成长。中国高校可借鉴北美地区高校的相对评价选优理念，这一理念可在职称评审、职级评审、教师招聘等方面得到应用，该理念通过改革创新当前的评价体系，建立保密系统和监督机制来保证选拔过程科学、合理，可以避免绝对评价方法的局限。

（二）优化师资队伍结构

在搭建师资团队时，高校需全面考虑多方面因素，例如教学科目、专业资格、年龄构成及学历层次等。为了保证教师队伍能够紧跟学科发展的步伐，高校需要设计相应的改革计划。高校的职称结构通常与学校的定位息息相关。研究型大学不仅要履行本科教学任务，同时还要注重推动科学研究和培养研究生的重要性。因此，维持高水平的教授比例，以及高级职称在教职员工中的比例是至关重要的。师资队伍的年龄结构代表教师的持续发展潜能。只有保持师资队伍的相对稳定，高校才能为教学和科研的持续稳定发展奠定基础，而年龄结构是高校能否保持这种稳定的体现。学历和学缘结构是反映教师队伍整体素质的指标。只有具备多学缘背景、高学历的人才组成的师资队伍，才能达到高质量的水平。

（三）创新团队群建设

在计算机学科中，构建师资队伍的要点在于建设团队群。唯有打造一个高素质的教师团队，方能确保教学和科研水平的提高。由于计算机学科具有新颖、实用、工程和服务的特点，我们需要培养具备全面发展、基础扎实、素养高超、能力过硬以及具有独特的创造、创新、创业精神和实践能力的复合型人才和创新人才。为了促进教学和科研的创新改革，我们需要创建多个高质量的团队，并将它们按照学科研究方向和课程教学分类等方式进行组合，从而形成一个计算机大学科创新团队群。团队群是一种合作方式，它能将团队成员的各自研究方向和专业知识进行整合，从而实现跨学科和课程领域的有机整合。每个团队成员都起着独特的作用，对此，高校需要具备明确的团队理念和原则和科学的协作和评估方法。

为了推动计算机学科团队群建设及团队构建，我们应采用下列举措：首先，要整合计算机学科的师生资源，营造开放的学术环境，促进学科交叉和多学科融合的发展；其次，针对计算机学科的特点，我们需要对团队的评估考核机制进行改革，并制定适用的评估和考核标准；再次，要为学者提供一个展示其才能的机会，并激励学科的首席专家组建团队，指导年轻的学术人才进行具有创造性的研究，创造具有重要影响的成果；最后，要利用团队的优势，对重要领域进行规划，促进不同领域之间的交叉融合，以此不断提升自身的核心竞争力。具体而言，可以采取以下措施。

1. 引进院士级顶尖学科带头人

要通过采取“重点扶持，积极引举”的措施，欢迎国内外杰出的学者和领袖带领我们的计算机学科团队，提升“985 工程”和“211 工程”三期的建设成果。学科的领袖需要具备几个要素：首先是扎实深厚的学术背景和杰出的研究实绩；其次，在全球范围内享有广泛的知名度和影响力也是必不可少的。

2. 实施学院、研究所、团队群的矩阵式管理模式

要对公司组织结构进行调整，成立专注于研究工作的机构。所有的研究机构都会吸纳具备创新能力的小组，这些小组会根据自己的研究方向展开探索。这些研究小组由包括教师和研究人员在内的团队成员组成，他们的主要任务是进行科

学研究。在符合其研究领域的前提条件下，任何教师都有加入研究所和创新团队的机会。这些小组由所长担任负责人，同时，团队的负责人还担任学术委员会委员的职责。而该团队的核心成员则是由学术精英组成的。每个课群组将把之前涉及的课程融合到一起，产生一个全新的课群组。在得到教学指导委员会的支持后，课群组组长将负责课群组所承担的教学任务。

3. 加大对团队中青年学术带头人和团队学术骨干的培养力度

若想聚集一支优秀的教师团队，团队中必须拥有在学术领域具备一定知名度的权威人物。为了确保学术带头人队伍建设，我们需要采取两种方式，即引进高水平人才和培养内部人才。要以研究所为基础，强调学科领袖的引领作用，注重培养年轻的学术领袖和核心成员，以实现创新团队的建设目标；要支持有潜力的年轻人，并资助他们前往全球顶尖的计算机科学高校开展至少一年的合作研究。这将有助于提升学校教师的学术水平和开拓其国际化视野；要加强研究生导师团队的建设，并建立导师责任制，以研究和创新为中心。为了增强骨干教师培养创新人才的能力，导师在选定、培训和评估激励的过程中，需要严格遵守相关规定。

4. 加强青年教师培养工作

首先，我们应该重视年轻教师的职业生涯，并要积极地支持已经参加工作的教师攻读博士学位直到顺利毕业。我们必须确保在不超过 45 岁的教师中，至少 95% 的人成功地获得博士学位。其次，为了协助年轻教师不断提升教学水平，我们需要创建一个完善的导师机制，并为他们提供多样化的培训、竞赛和实践机会，让他们学习教学、科技论文写作和工程实践等方面的技能。我们应该积极引导年轻教师参与研究项目和与企业、科研机构合作，这样他们可以提高自身实践创新和科研水平。同时，我们也应该促进协同培养更多优秀的人才。青年教师科研基金有助于年轻教师申请研究项目，能促进他们的研究工作，并能为企业和科研机构提供实践的机会。除此之外，我们要提升教师的国际化素养，鼓励他们积极涉足国际交流与合作，有效增强他们在国际的竞争力。每年，我们都要为年轻教师提供出国进修、访问和讲学的机会，同时要鼓励他们参加国际学术会议。这样做不仅能够让他们积累国际化的教学经验和知识，还可以提高他们在领域内的声望和竞争力。最后，我们应该鼓励年轻教师积极参与青年组织、科技协会以及相关专业学术组织的审评工作，以提升他们的影响力。

（四）加强师德内涵建设

在高校计算机专业中，高水准、精通技术的教师团队举足轻重，是高校实施特色办学的关键。高校教育教学的质量，以及培养出来的学生质量，都受到计算机师资队伍教学质量的影响。在构建计算机师资队伍和推进计算机专业建设的过程中，高校应当高度重视师德建设的重要性。作为计算机专业发展的基石和核心，师德建设应当成为长期规划的重要组成部分，高校要有针对性地对所有教师进行师德培养。在计算机学科领域，教育工作者需要不断扩充自身的知识储备，注重培养学生的计算机创新能力、科研协作能力以及团队协作精神，以提高他们的计算机技能和思维水平。

在高校计算机专业内涵建设中，师德建设至关重要。教师队伍素质的高低对计算机专业的未来发展有着直接的影响。对于教师的综合素质来说，师德是关键。比如：有教师在校外兼职，无法全身心地专注于教学研究，因而难以在业务上追求卓越。为了让教师更专注于教学和科研，我们需要制定一套规范的师德保障制度，确保教师的各项权益都能够得到有效的保障。我们必须解决以下问题：在专业领域中很难找到骨干教师、社会及学院急需的学科人才匮乏。这类问题对于提高计算机专业的教学水准和质量、提升学生培养质量产生着基础性影响，关乎着学校计算机专业的生死存亡。

高校应建立一套符合法规且可行的计算机教师管理体系，其中要涵盖以下要素：聘任制度基于教师与企业双方的认可；推行全国性的一致激励机制，并基于绩效评估；制定师德培训项目，旨在协助学生成长；建立恰当的人才竞争机制，以确保公平公正、完善的教师社会保障制度。教师职业道德教育主要涵盖职业追求、职业道德、学术准则以及心理健康等多个方面，这些教育将在教师职业生涯的各个阶段和管理过程中得到全面实施。高校要通过宣传强化教师职业道德，进而鼓励人们崇尚道德，营造良好的文化氛围；要通过建立具有科学合理性的评估方案，进一步加强和改善教师职业道德考核体系。

（五）提高教学质量建设

教师应该始终保持认真严谨的态度，坚守敬业爱岗的信念，全身心地致力于教学研究。另外，在空闲时间，教师要积极参与社会活动，将个人在企业中学到的技能知识运用到教学中。通过实际案例的演示，教师可以更加高效地完成教学任务。随着高校招生规模的扩大，计算机专业在各大高校之间的竞争变得更加激烈，大多数学校没有足够注重高学历、高技能的师资队伍的培养以及教学工作的优化。在深入计算机教学研究上，一些教师依据过去的教学经验授课，大量讲述理论知识，省略了实践环节，这导致学生缺乏实践能力，甚至在一个学期结束时学生也不能独立完成一个项目。在高校计算机师资队伍建设中，高校应该加强教师教育教学能力的提升，充分利用计算机各学科领袖的带动作用，以计算机专业建设为核心，参考计算机专业建设和人才培养方案以及实验室建设，分步推进计算机教师的引进和培养，明确计算机各专业建设的重点。在进行计算机教学技能考核时，高校应该重视对教师基本专业技能的培养（如听课、评课、说课、优质课等）。高校要以评价促进建设和提高，通过听课安排，对从事计算机专业的青年教师的教学能力进行评估，并制定合理的帮助措施，促进他们的教学水平提高；高校要了解教师对教材的理解程度以及落实情况；有经验的教师可以充分传授自己的经验，帮助和带领年轻的教师成长，让青年教师聆听全校的观摩课和探索课，让学科带头人、骨干教师和有经验的教师示范教学，让年轻的教师学习并提高自己的教学水平，成为计算机教育教学的重要力量。高校管理者需要制定一系列激励方案，对于一线教师进行激励，加强对教师在职称评审、年终考核、教学成果和科研成果等方面的奖励，从而激发教师的积极性和自发性，强调教师的关键性，促进教育教学水平的提升。

（六）制订师资培养计划

1. 加强计算机各专业教师自身素质建设组织

高校需要提供多种形式的活动，以迎合不同教师的需求。这些活动将涵盖现场考察、请教知名讲师、学习教育理论、参与企业实践，以及分享计算机教学经验等方面的内容。这些活动的目的是激励教师不断地完善自己的专业素养，并为他们创造一个卓越的学习氛围。此外，这些活动的目的还在于满足计算机专业技能培养的实际需求，以此提高教师的学习和工作积极性。

2. 做好计算机教学名师培养和选拔

为了造就重要的计算机领域人才，我们需要加强他们的培养和发展。这意味着我们需要建立一个全面的选拔、培训和支持系统，并培养出 3 至 5 名在计算机学科领域具有深厚学术造诣和领导力的人才。高校要寻找具备全面素质、富有创造力和潜力的优秀年轻计算机教师，并进行专业的导师培训，以帮助他们实现全面发展。高校要加强选拔、培养和考核计算机各领域的专家和优秀教师，建立以能力为导向的竞争机制，鼓励推动优秀人才振兴计算机行业。

3. 加强计算机各专业“双师型”教师队伍建设

高校要以提升教师的操作和实践技能为中心，加强专业教师的技能培训，包括培训网络应用师和软件开发师等。高校要加强教师与企业实践的紧密结合，鼓励教师担任企业兼职，积极参与技术研发、改进和跨学科课题研究；要创建一个专业人才库，雇佣一些拥有行业技术知识的人来担任兼职教师。这些非全职教师可以承担主要的计算机专业课程，从而激发学校教师的学习热情并促进他们的成长，让他们在计算机重点专业建设方面起到重要作用。

4. 实施各专业优秀教学团队建设工程

高校要强化团队专业成长，提升教师创新和服务社会的能力；鼓励教师充分展现自身优点，形成独特的工作风格，以适应计算机教学、学术研究、竞赛指导、技术开发、创新实验、社会服务等方面的需要；邀请一些在计算机软件和网络方面有深厚的校外科研学者和行业专家来加入校内教学团队。高校采取这些措施可以显著提高计算机领域团队的实践能力和科学研究水平。在高校人事管理中，着重构建一支优秀的计算机教师队伍，是至关重要的。

只有拥有具备优秀素质的师资团队，高校才能够夯实学生的学术基础，推动计算机专业学科的不断壮大。为了留住杰出人才，高校必须吸引和培养杰出教师，并招募高素质人才，为他们提供适宜的工作和生活环境，营造的学术氛围和研究环境。高校要大力培养现有教师，从整体上提升他们的素质，这有助于优化队伍结构，从而为学校营造一个良好的教育环境。

第二节　高校计算机教学教材建设

教材建设是高等院校一项重要而艰巨的基本任务，高质量的教材是培养合格人才的根本保证。只有在政府主管部门的组织下，充分调动地方、企业、院校和社会机构的积极性，我们才能共同开发出实用性强、以培养学生职业能力为目标的特色教材。

一、高校计算机教材建设的必要性和重要性

在当下，信息技术等高新技术迅猛发展，信息化与信息产业逐渐成了推动社会发展与科技发展的关键力量。信息化与信息产业越发成为促进社会进步与科技发展的关键动力。这不仅影响了经济与社会发展的进程，同时推动了高等教育的改革。在中国，新的 IT 生产模式急需大批具备计算机技术运用能力的优秀人才，高校教育在培养这类人才方面扮演着不可或缺的角色。

随着计算机技术的迅速发展，全球环境正逐渐演变为一个数字化的环境，计算机在多个行业得到广泛使用，因此我国高校需要培养大量拥有实践操作技能的

计算机技术人才。

高校计算机基础课程教材是展示教学内容和方法的媒介，承载了教学的要点和方式。它不仅仅是高校进行计算机基础课程教学的主要工具，更是培养创新型人才所必不可少的基础要素。精心进行计算机基础课程教材建设，有助于确保人才培养方式的更新，能显著提高教师队伍的能力、推动精品课程的创建与创新，同时可为计算机教学质量的稳固打下坚实的基础。

现阶段，大部分计算机课程教材依旧采用老旧的编写方式，侧重于强化知识体系的逻辑感与内容方面的普及度。尽管这种方式能够明确展示该学科系统中的基础原理，然而，这种方式对学生的创新理念与创造性思维的训练与培养并无帮助，同时对激发学生追求真理的信念与释放其创造潜能也会起到阻碍作用。社会对高校计算机基础课程教材建设提出了更高的要求，其中包括使教材内容更符合时代发展、让形式更加多样立体，以及呈现方式更为多样。这意味着计算机基础课程教材建设不只是需要考虑内容的广度和数量，还需要确保教材质量的提升。所以说，教材建设在教学过程中扮演着至关重要的角色。

二、高校计算机教材的缺点

（一）新技术进度追赶困难

目前，大部分计算机核心与新型技术是通过国外专家研究并进一步推广的。我们国家的计算机从业人员通常需要先研究以上新型技术，然后将其整合到教材中。这种方式可能会导致教材内容在技术应用上稍有滞后。

（二）原创精品少

和计算机店内的图书相似，我们基本上很难看到高质量的原创专业技术教材（这可能与那些拥有高水平的人员没有足够时间来创作具有一定关联性）。而引进外国优秀的技术书籍时，由于翻译质量的问题，高校及教师很难作出选择。

（三）低水平重复多

这个情况主要出现在基础类教材上，其原因是这类教材相对简单，大多数教师都有能力编写。由于多样原因，基本上每所学校均会发行本校教材，但是教材内容大体雷同，甚至存在相互参考、摘录等现象。这实际上浪费了大量资源。

（四）更新速度慢

一方面，这是因为人们天性中存在的懒惰；另一方面则是由于高校的扩招政策导致教师工作负担越来越重。教师基本上没有时间去编写新的教材，也没有时间去修订现有的教材，而且他们也不太愿意采用新的教材，因为这会增加备课的工作量和时间。

（五）服务不到位

我们国家的教材大部分以纸质形式进行出版，但教材完成之后，缺乏完善的售后服务和相应的跟踪调研。此外，在售前服务方面也存在一定问题。高校教学水平在逐渐增长，多媒体技术也在逐渐提高，导致传统的纸质教材方式已经不能同众多师生的需求相匹配。这就需要出版社发行与计算机学科特色相融合的多媒体电子教学资料与相应课件，并且教师还要考虑通过网络构建一些基本的互动模式。

（六）针对性不强

现阶段，许多教材在实际应用与专业适用性方面存在不足，很多高校缺乏针对特定专业的计算机教材。举例来说，艺术、统计以及财务等需要针对性强、与其他专业不同的计算机资料与教材，高校不应采用一刀切的通用教材。

三、高校计算机教材编写过程的问题

（一）“厚基础”难以割舍

过分注重“厚基础”，单纯觉得理论学习越深入越有利，这种观念导致技术知识与实际技能的发展区域受到挤压，而看轻专业实践与专业内容的重要性，进一步对学生水平与素质的全面提升产生阻碍。对于那些在研究型大学工作时间较长后转至应用型大学任教的教师，这种倾向问题尤为常见。

上述问题的应对方法是要持续注重“真实可靠的基础知识，强化实际能力”。教材编辑委员会、主审以及作者需要在这方面具有一样的认知理念。教材的实用性是其核心，教材内容需要具备实用性和真实性，成为学生一生受益的内容。总的来说，基础理论知识需要遵循“必需、真实、足够、实用”的原则，同时，要注重能力的训练。

（二）主编挂名

为了增加教材的知名度，一些教材编写小组由 2 至 3 人组成，甚至有的小组成员多于 3 人。在小组中，优秀教授、博士生导师以及院士来担任主编（第一作者）。然而，他们在选题、提纲、主要内容的撰写等工作上并不参与，而是分配给编委会其他成员。这些优秀的主编通常只是在学术上提供名望，在出现问题时则扮演着一种“保护神”的角色。事实表明，此种操作下的教材一般并不能确保质量。

应对这个问题的方法有两个方面：首先，确切规定主编应承担的编写工作量，举例来说：应该完成整本教材工作总量的三分之一或者四分之一以上。换句话说，我们要针对主编的工作总量确定一个最低标准。其次，厘清主编在教材中应承担的责任，并发挥主编的主导影响力。

（三）单纯的岗位技能培训

计算机基础教育的相关教材，特别是实践性较强的教材，需要关注学生未来职业规划与就业状况。因此，在内容编写上，教材应该适度强调（但并非过多强调）技能训练，此种操作是合理并可接受的。然而，若教材过于偏向技术操作与技能细节，而忽略了技术背后的知识体系，就会导致在实际操作中学生可能仅仅模仿教师的行为，并不知道其中的原理。这样一来，计算机基础教育的教材可能会变得类似于操作指南，失去原本应有的深度和广度。编写教材的人应当铭记，基础教育教材应充分发挥培养学生成为计算机应用的“一线工程师”的作用。教材内容不仅要让学生了解事物的“原理”，更要让他们理解事物的“原因”，并能够灵活应用所学知识。这样可以全面提升学生的技能水平与素质，特别是激发学生的自主学习意识、培养学生的创新思维、锻炼学生的实践水平。

为了解决这个问题，在进行教材编写的时候，编写者需要注重在计算机基础教育中技术知识系统学习的重要影响力。只有借助系统学习技术层面的内容，学生才可以更深入地认知知识、拓宽视野、彰显智慧，并培养自身的创新意识。相比之下，仅仅进行技能训练，就会导致学生在知识的认知上变得表面和单一，其知识视野也会更加狭隘。

（四）学术浮躁

外在表现方面，一些教材更关注形式的设计，而忽略核心资料的深入雕琢；过于追求吸引人的标题、华丽的语言以及漂亮的图表，却忽略了内容的实质和深度。有些情况下，这些教材可能会夸大某些章节的科学和应用价值，或者过分渲染部分学者的成就，忽视了实际应用。

内在表现方面，教材内容上存在“串味”现象，也就是说理论内容倾向于保留研究型教材的特点，实践内容则趋向于职业型教材，应用部分则试图涵盖多方面内容，从而呈现出内容“五味俱全”的情况。

为了克服这个问题，首先，教材编写者在内容处理上应该具有一定思想性，符合科学观，具有原创思维，内容简洁且真实，且具备一定的学术规范。教材编写者需要清晰认知教材的结构仅仅是一种外部呈现，真正有用的是教材生命力与内容的价值取向。其次，教材编写者需要认真贯彻“用、新、精、适”的原则。

（五）作者之间缺乏沟通

此种状况一般在多位作者共同编写一本教材的过程中较为常见。因为他们交流较少，缺乏充分的互动，导致他们在书稿完成后才意识到表述缺乏连贯性、术语使用混乱、关键概念模糊以及图表格式不一致等问题。

为了解决这个问题，首先，教材编写者要确立主编负责制度，强调作者之间的沟通和协作；其次，教材编写者要充分发挥主审人员的保证功能，注重对教材编写过程中各阶段的评估与核实。

四、国外计算机教材的可借鉴优势

目前，英国培生教育集团（Pearson Education）出版集团是全球最大的教育类图书出版社之一。培生教育集团出版的计算机教材的品牌为美国普伦蒂斯霍尔出版社（Prentice Hall）和美国艾迪生－韦斯利出版公司（Addison Wesley）。另外，美国麦格劳·希尔教育出版公司（McGraw-Hill）、美国约翰威立国际出版公司（John Wiley）、美国汤姆森学习出版集团（Thomson Learning）等也是国外的主要计算机教材出版基地。国外的计算机教材主要有以下特点。

（一）品种少而精

美国普伦蒂斯霍尔出版社（Prentice Hall）和美国艾迪生－韦斯利出版公司（Addison Wesley）每年出版的计算机教材品种为260多种，在北美市场的总占有率超过50%，包括大学预科班、本科和研究生教材。在大学阶段，美国普伦蒂斯霍尔出版社（Prentice Hall）和美国艾迪生－韦斯利出版公司（Addison Wesley）的计算机教材几乎“一统天下”。而对于研究生阶段的计算机教材，美国普伦蒂斯霍尔出版社（Prentice Hall）和美国艾迪生－韦斯利出版公司（Addison Wesley）也占据了半壁河山，美国约翰威立国际出版公司（John Wiley）紧跟其后，尽管美国约翰威立国际出版公司（John Wiley）每年只出版数十种计算机教材，但其市场占有率极高。至于培训教材，美国汤姆森学习出版集团（Thomson Learning）则是排头兵。

（二）注重计算机教材质量

外国的出版商在策划出版计算机教材前，通常组织市场人员、编辑人员、销售人员以及作者团队共同对竞争情报进行搜集，详细分析现阶段市场中的同种类型教材，然后向高校中教授和学生提供样张供他们试读，并整理他们的反馈内容。在技术层面，会有专家对内容进行审核，同时在语言、售价、内容、编排等多个方面进行全面考量，以确保教材形式和内容的协调。

（三）配备立体化的教辅资源

计算机教材一般会配备相应的教学辅导材料，有纸介资源、电子资源和网上资源。比如：教学中经常会用到的 PPT 教案、教师手册、习题解答、演示软件，或与现实情况紧密结合的文摘等。

计算机教材一般还会配备网络课件，如 Pearson Education 开发的 Course Compass，不需要软件平台就可以进行课程管理。为了满足不同软件平台用户的需求，Pearson Education 也开发了支持 Web CT 和 Blackboard 的课件，供有条件使用这些平台的学校利用多媒体课件来教学。

五、高校计算机教材建设思路分析

（一）正确认识计算机教学的地位

学习计算机基础课程不只是意味着熟悉计算机的基础性操作等技能，更重要的是关注高校学生整体素质和能力的全面提高。

西安交通大学举办的首届“九校联盟（C9）计算机基础课程研讨会”得出结论：教师需要清晰认知大学计算机基础教学的关键性，并认识到计算机基础教学的核心目标是提升学生的“计算思维”水平。通过这一核心目标，教师可以构建更全面的计算机基础课程系统，并对教学内容进行更新与完善，从而进一步成为整个国家中高校计算机基础教学改革的典范和引领者。同时，提升“计算思维”水平也是计算机基础课程在各专业里应该达到的最终目标。只有通过这样的努力，教师才可以在课程中有效地提升学生计算机水平，进一步让计算机基础课程的教学水平得到提高。

（二）高校计算机教材应该有自己的教学内容体系

教材应该具备灵活多样的教学结构，并且需要配备相应的实践教学体系。它不应是单调的计算机教程，也不应仅仅是为了考试而粗略编写的培训教材，同时，也不应该成为一本试图涵盖所有内容的用户手册或工具书。针对艺术专业的学生，高校需要制定一套与艺术教育发展规律相匹配的管理规则，包括管理模式和手段等方面，并构建独具艺术教育特色的教学管理模式。该模式需要强调探究艺术与计算机的交汇点，突出艺术专业的特征。

（三）合理规划计算机课程的立体化建设方案

由于教材定位不明确、协同合作性差，高校计算机教育需要进行立体化建设。在 20 世纪末，教育先进的国家开始推进立体化教材的建设，旨在实现多元化的教学应用、统一的教学设计和立体化的媒体呈现。所以说，高校需要改变长时间下教学过于倚赖单一教材的现状，创建多元化媒体、多样化形式、用途广泛、多层次的教学资源，并为教师提供多种教学服务，以满足内容结构的配套需求，从而构建教学出版物的综合体系。

一个完整的计算机基础课程的教材应当涵盖以下要素：重视对学科整体方向的指导，加强教材的学习指引作用，其中涵盖基础理论与核心知识的主要教材，还包括补充学习内容并更新新型技术的附加教材。设计教材读本的首章应受到格外重视，其目的在于迅速激发学生的兴趣，把计算机理论同相应专业相整合，调动学生学习的积极性与热情。

在指导学习材料时，教师必须强调每章的重要性，凸显其在整本教材中的位置与影响，以及不同章节之间的联系。此外，教师需要明确每章在专业课程中的实际作用，清晰各种定义、原理和方法的级别要求，促使学生在计算机技能的学习过程中也能增进其专业技能水平。这一做法旨在唤起学生的学习热情，激发他们的思考力，促使他们评估学习材料的价值。教学资源的补充重点，涵盖补充材料、教学幻灯片、学习网站、试题集和辅助工具软件等多个方面。

教师使用简单工具可以帮助学生更好地理解教学内容。举例来说，在程序设计课程中，raptor 软件的应用有助于学生了解计算机程序是如何运行的，以及基本结构的原理。借助题库，学生能够测试自己的知识水平，同时教师也能够利用学生的成绩来完善授课计划。课程网站是学生和教师交流的平台，学生们可以在此处提出问题、共同交流、提出建议，而教师们则能够与学生互动并答疑解惑。通过在网站上展出学生优秀的作品，教师能够促进学生之间积极竞争的环境，同时也能够有效地激发学生的学习意愿。

此外，我们需要强调同一学科不同难度教材之间的协同作用。在探讨内存的过程中，教师详细讲解数据在内存里的存储方式，能够增强学生计算方面的抽象思维能力，进而加深对于程序设计语言中变量等定义的了解。

（四）建设高素质、分工合理完善的教师队伍

要确保教材的持续性与适用性，教材编写人员需要拥有出色的编写水平，并采取合理的分工策略。根据分工原则，编写人员的职能应该分为以下几种：课程组长负责全面领导；计算机学科专业人员作为该学科的骨干教师，负责教材的编写；教育工艺专家根据专业和学生特点，负责教材的结构和媒体合理应用方案；立体教材相关制作人员负责对视频、课件、网络、补充资料等辅助教材的编制；编辑人员主要负责教材的编辑加工；事务人员负责经费核算等其他工作。不同岗位的人员分工明确，相互配合，共同完成教材的创作任务。教材编写完成后，教材编写者需要安排一些专业教师，来实时跟踪、调整和完善教材的内容，以确保教材的持续有效性。

（五）树立“以学生为中心”的教材建设观

在教材设计上，教材编写者需要考虑将教学重点从“教师的传授”转变成“学

生的自主学习”，我们也可以称之为从“教师导向模式”转向“学习导向模式”。就课本内容而言，教师应该注重计算机与各学科之间的相互整合与渗透，以此拓宽学生的学科知识、培养他们的实践理念，并调动他们对计算机课程的学习热情。除了基本的教学与实验内容设计之外，教师需要为每个知识点设置学生“阅读与思考”的步骤，这样不仅能对学习和实践内容进行强化，同时也能够让学生养成良好的阅读与思考能力。

（六）建立合理有效的政策激励和评价机制

学校需要强调教材建设的重要性，并发挥教材建设在教学改革与研究中的先锋作用。因此，需要实施多种方法，支持并促进教材编写者主动争取与承担国家和省部级教学改革课题。建立科学合适的教材质量评估体系和监控机制是提高教材质量、打造优质教材的有效方法。

（七）重视实验教材内容规范编写

实验课程对于学生能力的培养具有直接作用，所以教师应该更加重视实验课程。实验课教材任务应当包含与理论课教材中提出的疑问相对应的内容。除了强调实验教材与理论教材的适当结合，教师也需要在实验教材中针对学习任务与实验报告模式做出规定，以鼓励学生养成仔细与严谨的态度。学生在作业中应该体现两部分：一部分是成果，另一部分是心得体会。学生的心得体会主要涵盖他们在学习过程中所探究出来的技巧、学习过程中遇到的困难与疑惑，以及提出对教师的建议。教师应该加强对师生之间在线交流与展示作业成果的关注。为了确保实验教学的有效进行，教师需要规范化考核机制。

实验指导书不必钻研每一项细节步骤。在文本编辑中，教师只需提供明确的排版要求，无需提供具体的操作指南。而重要排版的操作及其对应结果给出明细列表，能够激发学生思考，使他们探究这类排版应采用何种方法。并且，教师应该强调操作规律的讲解与培养，因此可以采用以下技巧：一般功能的操作先找工具栏，再找菜单栏，最后找鼠标右键快捷键。这三种方式基本上就可以满足各种操作需求，就算学生没有接触过该操作，也可以自己通过上述技巧完成操作。

（八）合作意识培养

在教授理论和实验课程时，教师需要重视培养学生的合作理念。教师要借助需要合作才能顺利完成的小项目或者组内学生讨论等各种活动，来培养学生的协作技能。同时，教师要设立小组自评与组间互评的步骤，以鼓励学生在合作中互相促进，形成良好的合作与竞争氛围。

六、高校计算机教材发展趋势

相比于外国的计算机教材，我国的教材除了知识内容更新速度稍慢之外，还存在着教材综合配套服务方面的明显不足。在当前市场要求越发苛刻的情况下，我国的计算机教材需要作出相应的调整和改进。发展高质量教材和多元化出版是未来的发展方向，使用双语教材和引入高质量的国外教材也将长期占据主要地位。

（一）特色精品教材

精品教材建设是目前各出版社都在积极打造的工程。精品教材既有社会效益，又有很好的经济效益，还不会低水平重复。其中，最为典型的当属“21 世纪大学本科计算机专业系列教材”和“清华大学计算机系列教材”。

《21 世纪大学本科计算机专业系列教材》是中国计算机学会和清华大学出版社共同打造的面向全国普通高等院校计算机专业本科生的教材，共规划了 27 门课程，覆盖中国高等院校计算机专业的必修课和选修课。该套教材具有以下一些特点：

指导方针：中国大学本科教育应该与国外先进技术和先进教育模式接轨，并且与中国国情相结合。

丛书特色：《21 世纪大学本科计算机专业系列教材》是根据《中国计算机科学与技术学科教程 2002》而组织全国的优秀作者，并结合中国教育改革成果和中国国情编著的，它反映了当代计算机科技水平和计算机科学技术的新发展、新技术。这套教材在内容上注重先进性、科学性和实用性，并充分考虑了中国的国情；在形式上提供了一整套的教学解决方案，除了主教材之外，它还提供了电子教案、教师用书、习题集与习题解答、实验指导书等配套教辅。这套教材在内容与形式方面能够显著地提高中国计算机专业教材的整体水平，实现与国际接轨。

读者定位：全国高等院校计算机专业本科生。

作者队伍：全国重点大学长期从事计算机教学和科技前沿研究的一线教师和专家学者。

《清华大学计算机系列教材》已经出版发行了30余种，包括计算机专业的基础课程、专业技术基础课程和专业课程的教材，覆盖了计算机专业大学本科和研究生的主要教学内容。它们是最近几年出版的高质量大学计算机教材之一，对行业影响深远。此套教材随着计算机科学与技术的快速发展已经存在了20多年，获得了29项部级以上荣誉，其中涵盖了国家科学技术进步奖等等，并被数百所高校作为本校教材进行教学，其教学效果非常好。这一系列课程材料是依照清华大学教师的教学经验与科研成果，并经过多次调整与完善，最后编写成的。此套教材的重点在于呈现最新的国内与国外的学术成就和一些基础性定义与原理，用词精准、内容明晰，结构有层次，注重理论与实践相结合，同时提供了与之相应的练习题目与实验教材，且有多媒体教案与网络课件等资源。

在这里面，《面向21世纪课程教材》是基于教育部教改项目的研究成果，是经过组织编写而成的，它呈现了中国高等教育在世纪之交进行的计算机教学改革过程中的研究结论与探索进程。“普通高等教育‘十五’国家级规划教材”是由高等教育出版社主导出版的，总共有20多种。这些教材是教育部在“十五”计划开始时出现的，该出版社邀请了我们国家全部高等学府竞标，同时邀请了知名专家作为评审，进而才挑选出的国家规划教材。因此，以上教材同时也代表了那阶段中我国计算机学科课程教材水平的最高层次。第一个倡导教学资源立体化建设的理念的出版社为高等教育出版社，这在高等院校的教学资源建设方面给予了一个全面解决的方案。“新世纪网络课程配套教材”集互联网教学内容建设为一体，可为教师和学生提供主教材、教学辅导书、电子教案、网络教学内容及资源等全套教学配套方案。

（二）立体化出版

立体化是精品教材的重要特征。所谓立体化出版，是指在教材本身之外再对教材进行教学辅助综合配套，也就是在教材的基础上再辅以其他纸质出版物（如教学参考书、学习指导等）和电子、音像出版物（如电子教案、多媒体课件 / 教学光盘、VCD/DVD、试题库等），以及其他方面的服务（如网上交互、电话咨询等）。建设开放性的教学资源库、实现资源的免费共享，是精品教材立体化建设的最好结果。

培生教育出版集团在这个领域积累了丰富的经验。该集团为了提升教师教学的便利性，设计了一套教学辅助体系，这有助于教师提升教学品质，进而更有效地利用时间。

另外，国外的另一家大型出版机构——麦格劳 – 希尔教育出版公司，它提供的立体化出版也很有特色，其立体化服务主要包括在线学习中心（简称 OLC）、免费“黑板”（Blackboard）服务、互动交流在线服务（Page Out）等。通过运用这些服务，教师的教学活动将变得更加丰富多彩。

说到精品教材的立体化，其中清华大学出版社做得非常出色。为了感恩众多计算机教师一直以来的支持，该出版社对大学计算机专业课程的相关教学资源建设进行了增强，促进了计算机专业教学改革的发展。清华大学出版社推出了名为“阳光”的计算机专业课教学资源服务行动，该活动面向我们国家全部高校开展。

（三）双语教材

进入 21 世纪以来，特别是中国加入 WTO 后，信息产业的国际竞争达到了空前激烈的程度。为了快速培养大量高素质的信息技术人才，教育部采取了一系列措施，其中之一就是在条件适合的学校实行英语授课与双语教育，同时对外国的信息技术教材进行引入。因此，教育部提出让高等教育出版社先行试点引进信息与科学技术教材，并提出教材必须具备高水平且费用较低。教育部高教司和高等教育出版社联合努力，组建了计算机引进教材专家组，该组有 14 所著名大学的专家教授，其中包含北京大学、清华大学等。通过多方合作，我国已经有 70 多本引进的信息与科学技术教材出版。

同外商进行谈判的时候，我们需要坚持争取将国外最佳教材引入国内，并努力降低版权转让费，以确保教材的价格与国内编写的教材持平，确保价格适合众多教师与学生的经济能力。

最近，教育部正在鼓励我们国家的高校建立示范性软件学院，以推进信息科技人才的培养。这是推动信息科学技术人才培养进程的关键措施。示范性软件学院的目标是培养具备国际竞争力的实践型软件优秀人才。为此，高校示范性软件学院需要同外国的一些知名企业进行合作，将国内外有名的 IT 企业当作为实践教学基地。高校示范性软件学院还需要邀请国内外优秀教授与软件专家来校讲课，同时优先采用引入的教材进行教学。现阶段，教育部高教司将一套名为“教育部高教司推荐国外优秀信息与科学技术系列教学用书”列为软件学院双语教学的推荐教材。以下是该套教材的特色：

权威性：经教育部高等学校信息与科学技术引进教材专家组严格筛选。

系统性：基本覆盖了计算机专业的课程体系，特别是主干核心课程，包含计算机专业、软件学院和研究生等系列教学用书。

先进性：多为世界信息科学技术领域著名专家、教授的经典之作，代表了目前世界信息科学技术教育的一流水平。

经济性：价格相当于国内编写的教材，相比同一类型的教材价格较为优惠。

第四章　高校计算机教学与大学生的创新能力培养

本章主题为高校计算机教学大学生的创新能力培养，分为三节：计算机教学创新能力基本概念及原则、高校计算机教学创新能力培养的可行性与影响因素、高校计算机教学学生创新能力培养策略。

第一节　计算机教学创新能力基本概念及原则

一、计算机教学创新能力研究及核心概念

（一）计算机教育的改革

1. 计算机教育改革的背景

我国深化教育改革，旨在促进整体素质教育的提升，其中的重点是使学生具备自主学习的思维与创新理念。学校的课堂是培养和传承社会主义现代化建设者与接班人的重要场所，计算机教育的核心在于高校课堂中有关计算机知识的讲解，并不应该让学生机械地、死记硬背计算机教材。因此，在计算机教学中培养大学生创新思维，是素质教育的关键所在，同时也是高校教育不可或缺的关键部分。现在的高校中，有些教师依然按照应试教育的模式教学，让学生死记硬背。学生在这种死板的模式训练下也就只会机械式地记忆知识。背、读、练，这种教学模式已经让好多教师尝到了甜头，因为这样教师就不用专门解释复杂的概念，学生

自己背书就万事大吉。然而，教育旨在培养学生的多样性、灵活性、自主性、创造性，以使他们适应多变的环境。面对不断涌现的难题，为了使学生脱离课本束缚，教师需要转变教育方式，并将培养学生的创新能力视为计算机教学的起点和归宿。

2. 计算机教育改革的意义

我国推进计算机教育改革具有重要的意义，这一举措涉及教育、经济、科技和社会多个领域，并且对于我国未来发展具有深远的影响。

（1）培养创新人才

随着信息技术的快速发展，计算机已经成为现代社会中不可或缺的一部分。推进计算机教育改革可以培养学生对计算机科学的兴趣和热情，激发他们的创新思维和实践能力，使他们具备适应未来社会发展需求的能力。

（2）促进信息化时代的发展

随着互联网、大数据等信息技术的快速发展，信息化已经成为推动社会发展的重要引擎。而计算机教育改革可以使更多的人掌握计算机技能，能提高整个社会的信息化水平，进而能促进各行各业的创新和发展。

（3）提高国家的科技创新能力

计算机技术是现代科技发展的核心，也是科技创新的重要支撑。通过推进计算机教育改革，我们可以培养更多的计算机专业人才，进而提高国家的科技创新能力，推动科技领域的发展，增强国家的核心竞争力。

（4）促进经济结构的升级

随着信息技术的广泛应用，各行各业都需要大量的计算机专业人才。推进计算机教育改革可以为各行各业输送更多的计算机人才，能满足社会对于计算机人才的需求，推动经济结构向信息化、智能化方向升级。

（5）提升人民群众的科学素质

计算机已经成为现代社会中不可或缺的一部分，掌握计算机技能已经成为每个公民的基本素质之一。推进计算机教育改革可以让更多的人掌握计算机技能，进而提高整个社会的科学素质和信息素养。

（6）提升国家软实力

当今世界，科技实力已经成为国家综合国力的重要体现。通过推进计算机教育改革，我们可以提高国家在科技领域的软实力，提升国家的国际影响力和竞争力。

总的来说，推进计算机教育改革对于我国具有非常重要的意义，它不仅能培养创新人才、促进信息化时代的发展、提高科技创新能力、促进经济结构的升级、提升人民群众的科学素质，还有提升国家的软实力等多重意义。因此，我们有必要高度重视计算机教育改革，并采取有效措施，加快推进计算机教育改革，为我国的未来发展注入强大的动力。

（二）大学生创新能力的概念界定

1. 基本概念

创新能力是指在具体解决现实矛盾和问题的过程中，提供最新的有社会需求的劳动产品、服务产品和精神产品，以满足人们幸福生活目标追求的需要的能力。人类所拥有的各种能力中，创新能力属于最高层次的，创新能力并不只是单纯地开发新事物的能力，它由创新意识、创新思维、创新方法、创新环境和创新意志5部分组成。创新意识是形成创新能力的基础，也是创新活动的内在动力。没有意识层面的活跃，人们就不能主动进行创新实践活动。创新意识是创新主体开展创新活动最根本的内驱力。

大学生创新能力是指教师在马克思主义中国化最新理论成果的指导下，在大学生专业知识学习顺利进行的基础上，运用思想政治教育实践力求以与时俱进的教育方法，引导大学生想前人不敢想、做前人没有尝试做过的创举，以激发大学生的创新潜能，从而提升高校人才培养质量，以适应我国实现中华民族伟大复兴对人才的需求，争取在高校受教育可塑阶段提升大学生创造性认识问题、分析问题和解决问题的素质，使他们能够在未来参加社会实践的过程中，具有为社会提供有需求的创新物质和精神成果，进而推动社会生产生活新境界发展的实践能力。思想政治教育应该把大学生科学世界观培养与创新能力培养相结合，使他们学会以辩证主义和历史唯物主义的立场观点方法为出发点，健康消化所学习的科学知识内容。认识知识与社会实践活动相联系的存在状态与方式，从物质资料生产与人的生存发展的联系和矛盾关系出发，认识和借鉴前人创造的优秀知识成果，能够帮助学生迅速认识矛盾症结，找到现实问题的解决钥匙。同时，教师要引导学生传承人类文明所特有的再创造和再生产的品质，把马克思主义中国化新成果作为大学生实现中国梦的指南，并以此为创新过程的精神动力源泉。

2. 创新能力对我国社会发展的重要意义

国家的繁荣富强程度，与青年人的承担能力直接相关，因为青年是国家的未来和重要支柱。顶梁柱的创新能力与其承载能力密不可分。承载能力的强弱同创新能力的强弱成正比。中国人才众多，但创新型人才较少。培养大学生的创新思维是当前社会的需要，同时也是我们作为教育工作者的新责任。现阶段，国际竞争的关键在于科技竞争，而国家的竞争力水平在很大程度上取决于它培养出的创造性人才数量与创新能力的水平。人才的培养，尤其是具有创新能力的人才培养，是实现民族复兴的重要因素。发展学生的创造性理念与增强他们的创新思维对于国家与社会而言具有巨大的价值，但是传统的教学方式却起到一定阻碍作用，同当代追求创新型人才的需求存在矛盾。所以说，我们应该从国家发展的重要战略高度来认识培养创新能力的关键影响。

教育的主要目标就是培养具有创新能力的人才，当前提倡的素质教育强调学生具备综合素质，其中创新能力是至关重要的一部分。除了培养学生的听说读写技能外，在整个教学过程，我们还要注重发展学生的协作、分析、综合等多种能力。教学的基本目标和最终目的是锻炼学生的思维与创新理念、紧跟时代潮流、培养创新型人才，从而进一步增强国家科技竞争力。

3. 开发和培养大学生创造力的重要性

大学阶段是学生思维发展的重要时期，在这一时期他们能否具有一定的创造意识和创造思维，对他们将来能否成为创造型人才至关重要。因为每个人在不同时期有不同的“关键期”，只要在这一特定阶段充分发展某一方面的特征，那么这种特定特征在人们生命的较后的各个阶段都能发挥作用，而大学阶段就是培养学生创造思维的最佳时期。

计算机作为一门工具性的基础学科，在听说读写的训练中，含有大量的对学生思维能力与创新能力培养有利的积极因素，我们教育者要充分挖掘其中的积极因素，并配合科学合理的训练。这样一来，不仅能提高学生对计算机知识实践能力，而且能培养学生自学能力、自我完善能力和适应社会发展的综合能力。因此，计算机学科在大学生创新能力的培养上有着举足轻重的作用。大学阶段既是学生步入社会的初级阶段，也是他们培养创新能力的关键时期。因此，在计算机教学中，我们要充分开发和培养学生的创新意识、创新能力。

（三）大学生实践教学中创新能力培养的理论基础

1. 多元智能理论

多元智能理论并非传统意义上的语言能力和逻辑思维能力，智能是个体解决实际问题或生产社会有效产品需要的能力，它不是单一的，而是多元的。加德纳认为能力分为 8 种，具体包括：言语——语言智能、音乐——节奏智能、逻辑——数理智能、视觉——空间智能、身体——动觉智能、自知——自省智能、交往——交流智能、自然观察智能。多元智能认为每个个体的智能都是独特的，每个人都拥有 8 种智能，但是每个个体多元智能的表现各不相同，因此不同个体会产生不同的职业能力[①]。

多元智能理论符合我们国家的高等教育培养高素质、实用型人才的目标方向。

① [美] 霍华德·加德纳. 智能的结构 [M]. 北京：中国纺织出版社，2022.

大学教育应该重视培养学生的创新思维，还要深刻认识到创新能力的价值。创新不仅局限于科学家与高科技范围，目前科技飞速提升，创新已经涵盖人们日常生活的各个区域。社会要想持续前进，就需要不断进行新的尝试、发挥创新能力，以此来与人们对物质、精神和文化方面的日益增长的需求相匹配。传统上的应试型教育制度无法真正地彰显人学生的独特个性与价值。据多元智能理论，在每个学生内部都存在着创新能力的潜力。因此，我们需要摆脱传统教育的束缚，借助教育培养，唤醒他们的创新思维。教师要在人才培养中持续引入创新元素，全力拓展创新能力培养的内容，让学生与教师一起参与到创新能力培养的教学过程中；教师要鼓励学生培养创新思维，唤起他们的创造潜力。教师要通过多样化的实习和实践操作平台，让学生充分彰显他们的创新能力，让他们在更宽阔的空间尽情感受创新所带来的乐趣。

2. 人本管理理论

20 世纪 80 年代出现了新的管理理论与方法，其中一种被称为“人本管理”。人本管理理论的本质是以人为本，在管理环节强调人的关键作用，能激发人的积极性与创新力，以提高管理效率并促进员工不断成长与发展。将人本管理理论应用到高校管理时需重视学生和教师两个层次。学生层面：学校应以学生为中心，深入了解与关怀学生的需求，认可并尊重学生独特性，积极寻找并挖掘学生的优势和潜力，还要根据个体差异性采用不同的教学方法，培养社会的有用之才。教师层面：在教育教学中，高校应坚持以教师为核心，尊重与理解教师，激发他们的教育热情，还要营造轻松和谐、高效自由以及奋发向上的工作氛围，让教师彰显自我价值。人本管理是高校教学管理的适宜选择，因为它能够满足高等院校在实践教学过程中提升学生创新能力的紧迫需求。在高校中，大多数学生个性独特、自我意识强烈、实践能力强，但是文化素养不够，为了更好地应对以上问题，我们需要把人本管理理念与高校的实践教学相整合，注重学生的主体地位，发挥他们的能动性。在实施教学过程中，教师应该激发学生的主动性和自我意识，锻炼学生的创造性思维，并持续提升学生的多方面能力。

3. 建构主义学习观

根据建构主义学习观，学习是一个不断构建的过程。建构具有双重含义：一方面，涉及探索与创造，即具有创新性；另一方面，建构是由主体与客体互动所引起的构建过程。借助学习，个体能够对自身潜力进行挖掘，达到自我完善和人格发展的目的。学习过程需要个体的自主性参与，在理解外部刺激与自身需求的关系时，个体会主动开始建构自己的知识体系，这是一个主动的过程，不仅仅取决于外界的刺激。据建构主义学习观，学习是一种涉及理解、记忆与主体学习的有意义心理过程。有效的学习需要个体全神贯注地参与，自愿地参与并对其价值和情感投入一定的关注。这种学习以实现个人成长为目的，并能够帮助人们充分挖掘自己的潜能和达成学习目标。建构主义学习观强调学生的自主学习，关注学生的情感、意志、知识等因素的建构，能够促进学生能动地认识事物，强调锻炼学生的创新思维，并为其提供更加有利的教育氛围。为了激发学生的创新力，教师需要让学生自发地参与教学活动，积极获取知识与技能。这种学习模式能让个人的思维素质和人格特征得到良好发展。高校实践教学的教学内容综合了专业知识、社会需求和个人能力，因此它能够鼓励学生积极发挥智力和非智力因素的作用，进而在实践活动中获得创新能力的提升。高校实践教学可以赋予学生主体地位，能建立良好的师生互动机制、培育学生创新意识。

二、计算机教学中创新能力培养的原则

（一）计算机教学中培养学生创新能力的原则

为了提升学生的计算机创新应用水平，教师在教学过程中需要遵循教育规律。只有有针对性地采取措施，教师才可以使学生取得真正的进步。实际培养的时候，教师需要遵循下面的七项准则。

1. 可行性原则

在大学时期，因为学生年龄和生活经历等各种因素的影响，他们在计算机知识和现有计算机工具的熟知程度方面存在一定限制。所以说，在对学生的计算机应用创新能力进行培养的过程中，教师需要确保教材、教学方法相匹配，并且也要考虑到学生的个体差异性，保持适度和平衡。教师要通过调控量度、难度、深度来培养学生的能力，不应过分提高要求来培养学生的能力，而是要以学生现阶段掌握的计算机知识和个体经验为出发点。同时，教师的教学不宜过度专业化，而是应确保培养方法具有实用性和可操作性。

2. 个性化原则

在世界上，树叶没有完全一样的，人也没有完全一样的。每个人都具有独特个性。因此，个性化教育同样是一种创造性过程。因此，在大学生的创新应用技能培训过程中，教师需要根据个人特点采取适合的教育方式，鼓励学生发挥自主性与独创性。教师在教学与日常生活过程里首先需要修正一些误解，比如不应该只追求某些特定领域的才能，而是应该培养全面发展的能力。我们鼓励竞争和个人突出表现，尊重个体差异，但也不主张学生盲从听从。教师应当民主且平等对待每个学生，支持他们勇于质疑和寻求创新，使他们可以自身独立应对实际生活与学习里出现的困难与挫折，保护他们的求知欲望、创造思维、丰富的想象力以及实践能力，进而促进学生品质的全面发展。

基于学生的全面成长的培养，教师需要根据学生的个体特点实施个性化教学。这种教育原则应贯穿于各个学科，包括根据不同的时间、地点和个人情况进行教学。教师应根据学生不一样的年龄段采用相应的教学方式，适时对教学内容和目标进行调整。此外，考虑到学生拥有各种不同的生活经历和背景，教师最好选择与他们真实生活中所遇到的计算机问题有关的案例来进行教学，以培养他们的应用和创新能力，并让他们深刻体会计算机的实际用途和优势。由于不同学生的性格与知识水平不一样，我们需要针对学生个性化需求进行教学，只有这样，所有的学生才能获得相应的发展机会，从而更好地实现个人成长。

3. 实践化原则

唯有实践才能验证真理。在锻炼学生的创新能力方面，无论其目标、策略还是最后成效，均旨在让学生能够在实际应用中发挥作用。持续追求创新是积极进行创造性实践的表现，因此培养学生的创新能力与实际动手能力是密不可分的，而非独立存在。实践是唯一可以验证与评估学生创新能力的指标。在培养学生能力的过程中，教师必须将学生的整体素质同学生已有的知识、生活阅历以及认知能力相整合。所以说，教师培养学生能力需要按照逐步深入、由简单到复杂的方式进行，同时也要根据学生的实际状况灵活调整。这种方法有助于推动学生的进步，相反则会起到阻碍作用。

4. 系统化原则

培养学生的创新能力是一个综合性的过程，涉及创新思维、创新意识、创新模式等各种要素，且以上要素之间互相影响。创新能力的培养与分析和应用等能力，是一个有机统一的过程，不可分割。能力的培养必须有良好的三方（社会、学校和家庭）环境的共同支持与三方和谐互动，这凸显了培养学生创新应用能力必须依照系统化的原则。

学生的创新应用水平不仅与个人智力有关联，还受到非智力因素的影响。当前，许多学生是独生子女，由于缺乏与他人合作交流的经验，他们的合作水平相对较差。所以说，我们需要从儿童时期就教育学生学会自我生存、合作与关怀他人。当今社会发展迅速，人们解决问题往往需要集体智慧和协作。对于诺贝尔奖得主的全面分析表明，超过三分之一的人之所以能作出卓越贡献，是由于他们与他人紧密合作。我们若想在社会中立足并作出创造性贡献，一定要锻炼有效与他人互动、共享信息以及协作的技能。

学习信息技术课程是一个多文化技术学习的过程，强调在信息技术教学中进行分工合作，可以减少学生操作中的重复性，优化学生的操作步骤，以达到最佳的效果。在合作中，学生需要表达自己的观点，不同角度的思路可以让合作的学生对不同的课程内容有更深刻的认识，合作中创新思维的运用能够促进新的见解产生。学生在合作中进行思想碰撞，这种积极的氛围可以激发学生的创造性思维，提升学生的创新能力。团队意识能让学生建立良好的友谊、增加自我认识，进而提升个人素质，师生之间的合作可以促进师生良好关系的发展，学生和教师间的相互认识可以促进学生学习的积极性，提升其信息技术素养。

5. 问题性原则

质疑是思想的开始。在事物的发展过程中，只有通过不断质疑、发现新的问题，事物才能不断地发展。如果一切都是一成不变的，那整个世界都不会得到创新、进步。在教学过程中，自主学习是学生的自主性展示，但是教师需要更多地鼓励学生运用创新思维去发现问题，如一个题目的不同解决方法、两个知识点之间的联系等。在信息技术教学中，学生只有保持发现问题、思考问题的思维方式，才能更好地掌握新的知识，提升自己的创新能力和信息素养。在课堂教学提问时，教师可以先抛出问题，而后进一步引导学生进行思考；在学生学习产生问题时不要立即给出答案，教师可以通过类比等方式引导学生开展联想，鼓励学生激发新思路和新解题方式。只有这样的引导操作，才能让学生学习的理论知识，并使他们将自己的创新思维在实践操作中转化为真正的工具。

6. 自主性原则

苏霍姆林斯基说："促进自我教育的教育才是真正的教育。"① 在大学阶段，学生的自主能力已经有所提升，学校要鼓励学生通过自主性学习增强自身的自控力和对知识的把握力。在信息技术教学中，大学生通过各种渠道对信息技术已经有了一定的认识和基础，面对新颖的信息技术和丰富的信息知识，在大学信息技术课程没有过多压力的前提下，信息教学氛围更是宽松；信息技术的自由性以及大

① ［苏］瓦・亚・苏霍姆林斯基．给教师的 100 条建议 [M]. 孟宏宏，译．桂林：漓江出版社，2022.

学生的信息技术掌握程度的不同、各自的兴趣点不同导致不同大学生学习的关注点不同。在这些因素的影响下，大学生的信息课程更是需要自主性学习。教师不再是强制性的课程内容灌输者，学生成了课程的主体。教师是辅助者，需要在学生擅长的不同信息技术领域给予帮助、开阔学生的视野、激发学生的创新思维，让学生获取更多掌握信息技术的经验。

7. 兴趣性原则

兴趣是最好的教师，在信息技术教学中也是如此。学生只有对学习的知识技能感兴趣才会有学习动力。在信息技术课堂中，教师要重视创新思维和能力的培养，需要用信息技术的相关技术或工具吸引学生的注意力，激发他们的兴趣，让他们主动去学习、研究。信息技术教学在兴趣性原则中有一个天然优势，那就是信息技术在生活中的应用是较大部分学生的兴趣所在。教师在教学中要合理运用这一优势，引导学生往正确的方向发展。同时，教师要保持学生的兴趣，宽松愉悦的学习氛围和互动轻松的教学方式也是不可少的。

（二）激发学生的兴趣是培养创新应用能力的关键

兴趣是学生学习中最具推动力的因素，也是促进数学应用创新的关键影响力。教师应着重锻炼学生的兴趣并使他们养成良好的学习习惯，要依照学生的独特性实施差异化教学。当学生发现所学内容有意义且具有趣味性时，他们将会投入高度注意力。他们会积极探索，面对困难与挑战保持心情愉悦，并积极寻求解决问题的方法，彰显他们的智慧。因此，教师唯有激发学生的积极性，才可以有效提升他们在数学学习中的创新应用能力。

第一，教师要构建全新的师生关系，营造民主与自由的氛围。卡尔·罗杰斯提到：有利于创造活动的条件是心理的安全和心理的自由①。教师应该以平等、宽容、友善的态度尊重学生的兴趣、人格与品质，让学生在教学过程中与教师共同参与学习和教育，让学生成为学习的主导者，展现他们的主体地位。在自由轻松

① ［美］卡尔·罗杰斯．论人的成长[M]. 北京：世界图书出版公司，2019.

的教学氛围里，学生能够自由表达观点、大胆发表见解、主动思考、释放想象力、乐于同他人协作。活跃的思维、主动地探求能充分发挥学生的聪明才智，也能避免传统教育之中教师讲学生听、枯燥单一的模式。倘若学生的思维被固定化，他们的创造性与应用能力也会受到一定阻碍。

第二，一堂课成功的关键常常依赖于一个良好的引入环节。良好的引入环节能够调动学生的热情，激发他们的思维与活力。引入环节有许多方法可以应用，举例来说，教师能够运用与现实生活相关的案例来引领课堂内容。

第三，通过满足学生的好奇心与渴望获取知识的心理进行教学，这样能够调动学生的热情。在问题的设计方面，依照维果茨基的“最近发展区”理论，教师涉及题目的难度应该合理，让学生感觉仿佛“跳一跳就可以摘到水果一样”，要能够吸引学生的兴趣，激发他们的思维冲突，鼓励学生发现提出新的问题，并使他们自发地寻求解答。

第四，教师要激发学生的竞争意识，激发他们对创造和实践的热情。年轻人的好胜心一般较强。然而，倘若在学习过程中总是遭遇挫折与困难，他们就可能会失去热情与自信。由于每个人都渴望获得认可，教师应该构建有利氛围，以便让学生体验成功的愉悦，还要激励学生以积极的态度去学习和解决问题，这会为他们创造成功的先决条件。

第二节　高校计算机教学创新能力培养的可行性与影响因素

一、高校计算机教学中培养学生创新能力的可行性分析

（一）基于高校计算机课程培养学生创新能力的可行性

1. 计算机课程与培养学生创新能力的关系

计算机课程与学生创新能力之间有着密切的关系。首先从计算机本身来看，

它涵盖声、画、文字等多种元素，能够在同一时空内实现对上述元素的同一处理。打乱或整合其中的相关要素，构成一种全新的音、视觉表达，这种计算机处理的过程就是一种创新。随着计算机的发展，当前计算机本身也经历了多次革新，而这一切都为学生创新能力的培养奠定了坚实的物质基础。计算机发展到当代，体现出了很强的交互性、开放性等特点，而这些特点要求学生必须具有一定的创新能力，否则就很难适应计算机的发展。除此之外，计算机为学生的创新思维培养提供了良好的数字化平台。例如，目前很多学校都已经普及了网络教学，校园网络化程度也越来越高，学生可以随时随地接入互联网，这些都为学生的协作学习与自主探究学习提供了平台。学生在遇到问题的时候，可以通过网络搜集资料来加深自己对问题的理解，从而寻找到正确的答案。此外，学生还可以将自己掌握的技术通过计算机创新呈现在互联网上，这在一定程度上有助于激发学生思维创造的兴趣。

2. 研究性学习在计算机教学中的可行性应用分析

（1）在计算机教学中实施研究性学习具有现实基础

在高校环境下，学生未曾感受到成绩的压力。在教学过程中，当学生已经掌握了基础知识之后，采用研究性学习方法有助于促进他们信息素养的提升。该过程与多学科的内容具有关联性，举例来说，电子表格的使用与数学概念和操作具有一定关联性，比如计算总和等运算公式；在文字处理方面，其操作与各种文科课程具有一定关联性。所以说，在计算机课程中整合探究式学习，不只可以提升学生在计算机的实践操作水平，也可以加强学生把实际生活学到的经验同课程中的知识相结合并加以运用的能力。

①学生的身心发展特点

在大学时期，学生的自我控制能力逐渐提升，他们可以更加具有全局性、更加深入地认知事物。学生对自己喜爱的事物可以持续保持长时间、稳定和集中的关注，这能够增强他们在学习中的自发性。大学生的智力水平也已经达到较高水平，其知识量与经验迅速增长，而且他们的注意领域也在持续扩大。

大学生的观察能力可以说是相当发达，他们能依照学习目标有目的地对事物进行观察，其观察的广度与时间的持久度也较之前显著提升。此过程中，大学生能准确地洞察事物，捕捉到其核心特质，并且他们的逻辑感知能力也明显进步。

大学生的记忆能力正逐渐增强，但记忆行为仍然较为被动。在大学时期，学生可以更自主地控制自己的记忆过程以实现特定的目标。此时，他们的理解能力会显著增强，更擅长理解和记忆有意义的信息，而且抽象记忆也得到了快速提升。

大学生的思维方式已经从基于经验的模式向基于理论的模式转变，抽象与具体的概念被较好地融合在一起，这使他们的抽象逻辑思维能力得到迅速提升，大学生的辩证思维得到了显著提高。大学生具有敏捷的思维能力，可以从多个层面出发分析问题，深入思考并提出创新、独到的想法和见解，并表现出极强的思维活力。大学生由于认知水平具有一定高度，同时拥有丰富的知识，他们不会盲目追随旁人的观点，而是带着批判性的思维去审视社会中出现的一些现象与学习中遇到的问题。以上提到的批判性也为激发大学生的创新思维打下坚实基础。大学生倾向于采取具有创造性的学习方式，会频繁地提出新的观点和途径。

相较于中学阶段，大学生的想象力有了显著增强。例如，在写作方面，大学生可以依照论文主题快速构思整篇文章的整体框架。他们的创造性也不断提升，在实际操作活动中能彰显出丰富的创意与想象力。

在大学阶段，学生的情绪体验更加丰富深刻、涵盖范围更广，同时其情绪也存在持续性，具有多种心理状态。他们对未来抱有美好期望，总是热情饱满地参与各种活动。同时，其情绪也容易受到激发和影响，有时会因情感冲动而出现盲目和暴躁的情况下，以至于不顾后果。面对困难时，大学生常常会出现许多消极的情感。这时候，教师应营造自由奋进的氛围，引导学生进行正确的情感培养。在教学过程里，教师需要关注教师和学生之间情感上的互动，以此鼓励学生获得正面的情感体验，并转变学习心态。

②我意识发展的特点

大学生的自我认知已经相对成熟，他们会逐步了解并评估自身，并特别关心旁人对自身的看法。他们已经初步构建了个体的世界观，面对各样事物有着独特的理解。但是在大学时期，学生的自我认知依旧存在一些不足之处，学生可能会在认知信息方面存在一定困扰。因此，教师需要在学生形成世界观与道德观的阶段，对他们给予准确的指引，为他们提供服务，帮助学生身心实现整体性提升。

高校学生的认知与心理发展特点表明，他们具有多元化的兴趣爱好和较强的抽象思维能力，经常会产生独特的想法与创新思维。他们希望独树一帜，希望获得教师与同学的认可。并且，他们希望在学习中展示自我，会提出具有特色的观点或呈现具有创新性的作品。通过研究性学习，学生可以获得很好的提升机会。

（2）计算机的学科特点支持研究性学习的实施

由于计算机拥有综合性的特征，它能够整合多门学科，如社会学等各方面的有关信息，能为学生进行计算机研究性学习给予许多有趣的选题。作为一门技术课程，计算机自身就起到了学习工具的作用，具备较强的实践价值。实践是深入研究课程的前提。学生能够借助计算机课程在网络上进行学习与交流，并且可以自由掌控学习空间与学习时间，同时网络为学生提供了一个与教师平等互动、沟通问题的机会。此外，与课本相比，多媒体资源可容纳更多信息，且时效性更强，这为学生进行研究性学习活动提供了便利条件。学生借助认知最新的计算机技术，能够开阔眼界，激发创新思维。计算机技术的人文价值体现在其对学生情感态度与价值观的注重，以及对学生整体素质的提升的关注上。

（二）现代教育技术支持下通用计算机教学创新能力培养的可行性

1. 现代教育技术的迅猛发展为教育的变革提供契机

（1）现代教育技术是当代教育改革的制高点

《中共中央　国务院关于深化教育改革，全面推进素质教育的决定》中明确提出，从现在到今后很长的一段时间内，我国的基础教育和高等教育面临着一项非常艰巨的任务，那就是“大力提高教育技术手段的现代化水平和教育信息化程度”。从理论研究到实践领域，人们已经认识到“现代教育技术是当代教育改革的制高点”。谁抢占了这个制高点，谁就在21世纪中处于有利的位置。

教师借助现代教育技术能够为学生打造生动有趣、富含创意的学习空间，进而提升他们处理信息的迅速与有效能力，使学生在学习中更具备创新思维与探究能力，从而使其成为一名积极主动的学习者。教师要帮助学生通过互联网了解世界、利用在线资源学习并积累广泛的知识。教育革新的科技平台与思想平台已经在现代教育技术中崭露头角，它将为21世纪的教育提供先进的工具和手段，并扩充和拓展人类在信息时代的教育、教学资源，建构完善的教育运行环境和新型教学模式。所以说，为了发挥学生的创新潜力并培养其创新思维与创新理念，每位教师需要整合现代教育技术进行教学。

（2）现代教育技术的应用引起学习方式的变革

现代教育技术的核心为多媒体和网络技术，其应用在教育中将带来重大的学习变革，具体体现在以下几点。

①学习资源的变化

教育资源的呈现方式丰富多样，课堂信息运用多媒体技术展现。学习内容组织采用非线性结构连接形成超媒体模式。学习过程中能够实现资源共享并实现网络化传输，教学更加智能化。

②学习方式的变化

学生的学习体验是多样而丰富的，学习过程是交互式的，学生的知识构建拥有个性化等多种特征。

③学习空间的转变

学生现在能够在一个更为广泛与自由的学习环境中接受教育，相比之前，他们可以搜集到多样的知识内容和世界范围内的教学资源。并且信息共享不会因为时空的局限性受到制约，且不管什么时间、什么地点都能够实现异地师生的互动与沟通，从而充分调动学生的积极性与热情。

④教学过程要素关系的转变

运用多媒体和信息技术能够改变教学中要素之间的关系。举例来说，教师的角色已经从单向知识的传授者变成学生学习的指引者与教学任务的组织者。学生也不再是被动知识输入者，而是变成具有自主、积极、探索以及知识构建的主体。同样的，媒体的功能也随着有了新的变化，由教师讲解的演示工具转变为学生学习的认知工具。教学进程结构也由逻辑型讲解式进程向探究、发现、意义建构等以学生为主体的进程转变。

2. 现代教育技术为创新能力培养提供理想的教学环境

现代教育技术能提供大量方便快捷的信息，注重学生的自主探究、合作交流、主动建构知识，能实现对学生创新意识、创新能力的培养。

计算机多媒体技术的特点包括集成性强、能够实时处理、具备交互性、易于扩展，并具备各种表现手法。该技术可将文字、声音、图形、动画和视频等多种信息融合在一起，能以可视化和具体化的方式呈现知识，帮助学生借助视、听、触等方式，更快地理解和吸收知识。学生的创造力源于对学习的热情，对学习产生热情有助于教师培养他们的思考能力、想象能力和创造思维。通过使用多媒体计算机的交互性功能，教师能够调动学生学习的热情，同时能调动学生的认知主体作用。教师需要善用多媒体，创造出有趣的问题情境，从而提升学生的学习积极性，让学生有意愿进行创造性的思考，从而提升他们的创新水平。借助多媒体技术，教师要构建一个有助于教师与学生、学生与学生沟通、合作的反馈平台。学生能够借助这个平台去接收教师的意见，然后进行调整，并参与到多次信息互动、沟通以及反馈的过程中，这有助于他们更好地培养自身的创新能力。

现代教育技术是信息时代的产物，信息化时代的学习与以多媒体和网络技术为核心的现代教育技术的发展密切相关。将现代教育技术应用到教学过程中并与课程教学有机融合，能促进学习环境、学习资源、学习方式向信息化方向发展。个性化的学习环境、丰富的学习资源、有效的学习方式，可促使学生将计算机作为理想的学习工具，在迅速获取知识和提高学习能力的同时，学生处理信息、应用信息解决实际问题的创新能力也能得到很好的培养，最终促进学生终身能力的发展。

素质教育和创新教育作为现代教育思想的重要组成部分，决定了现代教育技术要为它服务，而创新教育首先要培养的是学生的创新能力。因此，现代教育技术是帮助教师实现创新能力培养的手段，能为培养创新人才提供强大的技术支持，是实现培养创新人才这一教育目的的重要保证。

3. 通用技术学科中应用现代教育技术培养学生创新能力的独特优势

通用技术课程是一门侧重提升学生实践水平和创新思维的技术课程，旨在提升学生的技术素养与全面发展其个性。在通用技术教学中，教师运用现代教育技术有助于激发学生的创新思维。

教师在通用技术教学中运用现代教育技术培养学生创新能力具有以下独特优势：

第一，在通用技术教学中，教师应用现代教育技术创设问题情境，引导思考，可以激发学生学习的兴趣和创造的欲望。技术的本质在于创造，创新是技术设计的灵魂。通用技术课程是培养学生创新意识和创新能力的重要课程载体。教师在教学时应该有意识地引导学生主动开展独创性的创新活动，这就要求学生首先要有创新的欲望和动机。那么，如何培养学生创造或创新的欲望呢？教师应该充分利用现代教育技术创设直观的、形象的、有利于调动学生的视听感知力和想象力的学习情境，以此来激发学生的创新动机。

第二，教师要将现代教育技术运用到通用技术教学过程，把通用技术从仅仅是教师示范的工具转变为学生主动学习的工具，以进一步调动学生的创新思维。通用技术课程的特征是将学生作为学习的主导，自主性学习、合作性学习以及探究性学习的方式也显得十分重要，这对于实现新课程理念有着积极的意义。在通用技术课程的学习过程中，学生需先弄清楚问题，然后积极构建知识，同时要搜集与之有关的内容资料。为辅助学生获取学习资源，现代教育技术可被纳入课程学习内容之中。在构思设计方案时，教师可以将现代教育技术视作解决问题的手段，用以深入探究；在设计方案的实施过程中，教师可以把现代教育技术作为信息处理工具或网络通信工具，并进行资料集成、交流讨论，以培养学生的求异思维、创新能力和团队合作精神。可见，以教师为主体的教学手段不能促进学生创新思维和创新能力的发展，而借助先进的现代教育技术手段，教师可以使学生主动学习，充分发挥其想象力，并激发学生的创新思路，促进其发散思维、求异思维、逆向思维等创新思维能力的发展。

第三，在通用技术的教学过程中，教师要对现代教育技术中的网络技术加以利用，并通过共享资源、互动沟通以及协作来锻炼学生的创新思维，提升学生的实践操作水平。通用技术课程是密切整合实践、充满生活氛围感的一门课程，它以学习实践和实践学习为基础，鼓励学生在学术知识和亲身经验中寻找新的发现。学生要提升创新水平，必须在实际操作中不断探究学习。多媒体技术中的超文本特性采用网状结构，可非线性地组织与管理信息，这种特性类似于人类的联想思维模式。整合网络技术，我们能够创造出一个有利于创新能力提升的适宜空间。借助网络技术的运用，学生能够快速获取有益的知识，并搜集到疑难问题的相关答案内容。这能够增强学习效益，同时能提升学生借助网络取得信息与知识的水平。互联网是一个庞大的知识宝库，里面的信息均根据与人类联想思维相适应的超文本结构进行组织。在网络背景下，学生的好奇心会被唤起，借助在线协作、探讨与互动，学生可以更加深入地理解创新的核心价值，真切体会创新活动对于他们的知识储备、能力以及品质的帮助。学生可以在网络空间中自由发挥创造性思维，从而提升自身创新能力。

二、计算机教学中影响学生创新能力发展的因素分析

（一）计算机教学中影响学生创新能力发展的外在因素

1. 教师的创新观念和创新素质水平

观念对于行动有着重要的指导作用，教师的观念对教师的行为、教学策略的选择、教学方法等都有重要的影响。大学生受生理和心理不成熟因素的限制，其创新思维的产生必须依靠教师的引导，因此，教师的观念在很大程度上影响着学生创新能力的发展。

首先，从目前来看，由于受到传统应试教育的影响，“创新”这一观念还没有深入到教师的内心。

其次，教师的知识结构还没有跟上时代创新的步伐，俗话讲“要想给别人一碗水，自己需要有一桶水”。优秀教师应该具有与时俱进的教育理念，应该具备引导学生创新能力发展的创新素质，其知识结构应该是丰富且成体系的，关于创新也应该是有独到见解的，其教学方法应该符合教育理念。

最后，教师的民主意识还较为淡薄，新型的师生关系没有完全建立。在当代教育中，很多教师受传统师生观念的影响，再加上其存在与学生之间的年龄差异、角色差异等，他们与学生之间的对话往往存在不平等性。趾高气扬、唯我独尊式的教学方式依然存在，在课堂中教师不允许学生存在看法，要一切以教师为主、一切以书本为主，不容有任何的质疑。在这样的环境中，学生的创新思维会受到压抑。

（1）创新能力构成以及影响因素分析

目前，教师教学创新能力结构的维度划分的准则存在多种，我们可以从态度、心理结构以及教学推动顺序等方面进行划分。大部分研究关注的问题是教师创新能力与信息技术教育能力，较少有涉及信息技术课程的教学素质框架的研究。

国外研究结果表明，教师的学习与教育能力在教学创新中占据了重要地位。教师的教学创新能力是其学习、教育和社交能力的综合体现。

斯滕伯格指出，知识和技能在创新能力的发展过程中占据核心的地位，在高校教师教学创新能力组成要素中，教师的专业知识与技能也是其核心组成部分，教师的教学创新需建立在其学科专业知识和能力基础之上进行，已有的经验和能力是开展教学创新活动的前提。教学创新能力并不是独立存在的，而是与专业相关知识和能力之间相互影响、相互作用的[①]。

游旭群、王振宏则是从心理结构的角度出发，将这种教学创新能力看作由教学创新认知系统、动力系统、人格系统以及行为系统等多种心理结构共同体在相互作用下产生的一种复合反映。教学创新认知系统指出，教师对事物的感觉和判断、短时和长时记忆、注意力以及想象力等都是教学创新活动开展的前提[②]。我们国家的一些研究者指出，促进教学创新的动力主要涵盖内部和外部动机，以及教学积极度等多个方面。根据教学创新人格体系所述，教师若具备创造性特征，则通常具有以下人格特征：自信、诙谐风趣、热情度高、乐观，并且能够包容差异性观点、欣赏多元看法，同时也能表现出对除工作外等多种事物的兴趣。教学创新能力是一个非常复杂的能力，它受多种因素的复合影响。因此，其发展和表现并非简单明了，而是相当复杂的过程。

王文霞认为，教师行业具有特殊性，所以对高校教师创新能力内隐观进行研究对教学改革具有更深刻的意义[③]。教师教学创新能力内隐观由两个部分组成，分别是一般能力和职业能力。一般能力由四个因素构成，分别为怀疑批判、心理复原力、坦诚开朗、自我肯定；职业能力由三个因素构成，分别是适时点拨、和蔼民主、理解关爱。

（2）教师教学创新能力影响的因素

在关于教学创新能力多因素理论的基础之上，综合上述的教师教学创新能力

① ［美］罗伯特·J. 斯滕伯格 . 成功智力教学 提高学生学习效能与成绩 [M]. 2 版 . 宁波：宁波出版社，2017.

② 游旭群，王振宏 . 教师教学创新能力及其发展 [J]. 当代教师教育，2013（2）：1-4，11.

③ 王文霞 . 浅谈新课程下的教学艺术创新与实践 [J]. 东西南北（教育），2016（9）：47.

结构以及影响因素，并结合大学教育阶段信息技术学科本身的特点，高校信息技术教师教学创新能力的影响因素包括认知能力、学习能力、教育能力、现代教育技术能力、人格特质以及兴趣动机六个要素。

①认知能力

认知能力指的是个体在对某一内容进行了解、掌握的活动中以及在此活动过程中对出现的新问题进行处理的时候所展示出来的对事物的感知能力、总结概括能力、逻辑判断能力与语言表述技能等，这些技能被统称为一般技能的综合。在信息技术教学活动过程中首先表现为感知判断能力和思维创新能力。信息技术学科教师教学创新的活动其实也是完成认知的一个新过程。教师的认知能力，如感知、长期和短期记忆、判断能力等，是教学创新成功的前提条件。在教学过程中，教师的问题感知、分析与解决技能是教师教学创新能力的重要因素。教师在教学中会面临多种难题，只有具备高超的感知能力与判断技能，他们才能创造性地解决遇到的困难。此能力可以说是教师智慧的综合展现，也是其认知能力的表现方式。信息技术教师教学思维创新能力是指教师具备超越常规思维的能力，能够在教学过程中发现新的问题，并尝试采用创新的思路和方法解决这些问题。而且教师具备经得起实际验证的能力，可确保教学成效得到有效实现。实现信息技术教学的创新重点在于教师的思维创新，因为教学思维是推动教师进行该活动的先决条件。

②学习能力

学习能力指的是高校的信息技术教师进行反思性学习，并不断调整教学模式、教学方法以及教学策略，从而提升教学效果的能力。该能力涉及教师对未来前景的探索、新技术和新媒体的研究，以及信息技术范围的先进知识，同时还涵盖心理学等相关理论知识。这些学习的目的均是促进信息技术学科的创新教学的开展。

③教育能力

教育能力包括在信息技术学科教学活动中教师需要具备的专业素养、知识技能以及各方面能力，涉及专业精神、教材内容以及与之有关的前沿信息与实践经验等方面的内容。一个合格的教育工作者需要具备多方面的素质，包括丰富的教育理论知识、信息技术学科相关知识以及实践技能。此外，合格的教育工作者还应该对教育事业充满热爱，能够有效组织和应对各种课堂情况，同时可以巧妙地综合各种教学要素，从而为学生的成长提供帮助。对于一名信息技术任课教师而言，教育能力是教学创新能力的核心要素之一，它能对教学活动的开展和效果产生直接影响，并可以体现在教学策略、方法、科研和课后反思等多方面的创新能力上。此外，教育能力的创新可以按照教学准备、实施和课后三个阶段进行拆分和详细说明，这三个阶段也可以用来描述教师教育能力的不同方面。在准备信息技术教学时，教师需要拥有该学科所要求的专业知识与相关技能，其中涵盖学科知识储备和教学设计能力。在此时期，教学设计中的创新技能至关重要，它涵盖创新学科内容、创新教案编写能力以及创新所需情境能力等。

在信息技术课程的实施阶段，教师应具有的职业能力创新，具体表现为新颖的导课方式、有秩序的课堂活动组织、巧妙的提问能力、流畅的语言表达技能、突发事件处理以及结课能力等环节的创新。

在信息技术课堂教学课后阶段，教育能力主要包括对教学活动过程的评价能力、反思以及开展教学研究能力三个方面的创新。

④现代教育技术能力

现代教育技术能力包括信息技术教师应该具备的技能，如有效地收集教学所需的素材、资料，灵活运用网络设备以及各种多媒体技术实现教学创新，进一步提升教学效率和激发学生主动学习的内在动力。这种能力主要表现在教学媒介、资源、情境等方面的创造与应用上。随着信息时代的发展，现代媒体与科技不断进步，这为教学创新提供了更加便利的条件，有助于教师提高教学效率与教学品质。信息技术学科具有一定特殊性，这使得高校对于掌握与运用现代教育技术的需求越发迫切。利用虚拟现实技术，教师能够搭建不能在现实中完成的虚拟环境，并为学生提供更加真实的学习体验，让学生更有兴趣进入学习状态。教学创新可以通过使用教学媒体来实现，教师将不同的媒介融合在一起，可以呈现多样化的教学内容，同时也可以提高教学的趣味性。

⑤人格特质

人格是个体在基因与遗传的基础上，受后天教育与生活环境的作用逐渐发展的一种相对稳定且持久的心理结构，在创新过程中所表现出来的稳健、沉着的个性特征。本书所指的人格特质指的是信息技术教师在成为创新型教师的过程中需要具备的六个特点：富有好奇心、自信满满、有批判思维、富有创意、拥有进取心和乐于接受不同观点。

⑥兴趣动机

个体在进行创造性教学活动时的积极性来自自身的兴趣动机，它涵盖参与教学活动的内在和外在动机，以及学习过程中展现出的积极性和自发性。活动的限制与影响程度会因动机类型的差异性而有所不同。教师的内心驱动力是信息技术教学创新的根源与核心，能够反映教师是否有兴趣进行教学创新活动。如果没有创新意识的引导，教学创新的实施就难以立足。只有在兴趣动机的引导下，教师才能激发更强烈的内在动力，同时具备深厚的创造力与热情，才能够推动创新活动的不断开展。在本书中，兴趣动机主要指信息技术教师对学科教学创新的兴趣和积极性、主动性以及对教师实现个人学科专业发展的意愿。

（3）课程设置不合理

课程设置主要体现在教学课程、教学时长、教学频次等方面。目前，国内的信息技术课程大多是基于基础教学和人文教育的要求进行编撰的。教材课程更多的是重视工具操作，忽视了对学生实践应用能力的培养，在教学内容设计上没有及时更新，与社会实际生活所需求的人才技术培养要求存在一定的差距。新课改之后，新课程标准也在知识、能力和课程目标三个方面进行了新的规定，提升学生的知识、技能是新课标中教程目标的重要部分；掌握学习的过程和方法、树立价值观也是教学目标。可以这样说，知识、技能看似重要，但从长远来看，仍然没有独立掌握学习方法重要，但是很多高校在教学实践的教程设置上却忽略了后者。以目前的教材内容来看，很多教材在知识、技能的内容设置上重视信息的表格化、数据处理、软件加工等方面，而这些信息技术在基础教学、日常生活中，大学生已经有所涉及。在信息技术更新速度如此快速的当下，学生的兴趣点和需求点已经提高，而教程内容却还远远没有跟上节奏，这也会影响学生的积极性以及教师教导的积极性。大学是一个重要的阶段，受传统思想的影响，尽管信息技术在生活中的重要性已被成年人所认可，但是在大学甚至基础教学中，从学校、家长普遍对学业科目的重要性的排列上可以看出，信息技术被排在重点考试科目之后。这样的意识导致在大部分学校信息技术课的上课时长、每周上课频率都远远低于重要科目，处于极不被重视的地位，从而导致教师安排不合理、大学生认识不合理，对信息技术感兴趣的学生在这一阶段也不能得到发挥和培养。

（4）教师教育方式单一、教育理念不完善

教师教育方面的问题集中反映在其教学方式和教学内容上。在教学方式上，很多教师没有形成完善的互动式教学模式，教程内容过于呆板，依旧是采用讲解—示范—实践的单一模式，先对课本知识进行简单的复述讲解，然后进行演示，最后让学生对照课本自己操作，这种描述式教学方式在信息技术课程中极大地压抑了学生的主动性。而且这样的教学方式所展示的教学内容仅仅是最基本的，教师在教程内容设计上除了对课程上的知识进行讲解之外并没有深入挖掘拓展，更不会结合新技术来进行互动讲解、调动学生的积极性，这就导致已经在其他渠道学过这些教学内容的学生失去听讲的兴致；在教学理念上，机械化的教学没有重视培养学生的思维体系，更不要提对创新思维的重视度。尽管在课改中，教育界强调要重视学生创新思维的培养，特别是信息技术课程作为一门新兴学科，受信息技术特性的影响，创新在教学中尤为重要，单一的、机械性的传统教学不利于调动学生学习信息技术的积极性，阻碍了学生创新思维的培养，这种教学方式教导出来的学生信息技术知识储备不能满足社会的需求。因此，在信息技术课程教学中，教师更应该鼓励学生积极思考，形成自己的价值观和思维方式，要注重学生的实践操作能力，提升学生的信息技术素养。

导致教师在教学中出现系列问题的原因可以被总结为教师对现在大学生的认识不足和现实中教师对考试结构、考试重要性存在普遍的错误性认识。在大学阶段的学生已经完成了基础教育，他们在日常生活中接触到信息技术的程度也逐渐提高，在运用聊天软件、网页搜索资料、游戏等方面的能力尤为突出，在实用性的工具操作和系统的思维方面则相对较弱，且每个地区、家庭受经济发展程度影响，学生的信息技术接触程度也有高低的区别。教师对学生的认识存在一定的不足，一味地降低或提升标准进行教学是不正确的。在这一特殊情况下，如果只按照课纲要求对信息技术工具进行讲解，虽是完成了教学任务，却没有达到教学目的。而且，学生的综合整体水平设计课程内容对教师来说也是一个挑战。在应试教育背景下，大众都非常重视重点科目的考试成绩。正是这种应试思想让学生不能全面地发展，信息技术教师也会因为没有竞争性而忽视自己应尽的职责。这种应试思维需要社会大众一起来改变，这也是一个长期的发展过程。但在现有资源中，教师还是应该重视自己的教学内容设计，以调动学生的学习积极性，激发学生的创新思维，丰富学生的知识体系，达到良好的教学效果。

（5）教材的影响

我国传统教材过于注重逻辑与分析能力，并没有考虑实际问题解决的能力与计算机创新应用的重要性，导致学生无法将所学的知识应用到实际生活中。虽然计算机教材会定期更新，但这些教材仍普遍存在对应用和创新知识轻视的现象。在新课程改革中，教材进行了广泛的优化与改动，增添了具备实践性强与应用性广泛的资料，旨在强化学生的实践意识与创新思维，以提升其具体解决问题的水平。举例来说，教材在每个章节前添加了引人入胜的现实情境，从而引出该章节所涉及的内容，并添加了“实习作用”“研究型课题”，促进学生创新、应用动手参与等能力的发展。可教材中心编制的应用题似乎是为了应用而应用，仅仅是为了符合“理论联系实际”的口号，缺乏真正立足于现实生活的实质。原先可以激发学生兴趣的问题，却减少了学生思考抽象问题并独立寻找创新性解决方案的机会。教材对应的教学方法和内容正在改进，课程设计方面也有所整改，同时也缩短了教学时间，但是在内容方面没减少反而增多了，后半段就是进行复习，强化训练。大量枯燥的练习只为考试而设置，大量繁复的练习也影响了高校对学生计算机应用意识、创新意识的培养，甚至使他们失去了对计算机的兴趣。

2. 学生问题质疑、联想和想象的能力

想象来源于哪里？对此问题，笔者认为想象更多地与学生自己遇到的问题有关，当学生遇到问题的时候，会开始开动脑筋想办法，想办法的过程就是激发学生想象力最佳时机。因此，教师应该合理地设置任务问题，让学生大胆想象，提出假设，继而小心求证，每一个假设的论证过程就是一种创新。大学生由于受到年龄的影响，他们在生理和心理上还不成熟，对于问题的思考等还欠缺理性的反思，这就限制了学生想象力的发展。古人曾讲，思考源于疑问，如果学生只是单纯地学习教师所传授的知识，那么就完全等同于死读书、读死书，不带有疑问地学习对于创新思维的养成没有任何作用。

学生是学习的主体。但是在长期的授课模式中，学生是信息的被动接受者。特别是在大学阶段，兴趣和其他非必考课程都大幅度地减少。尽管信息技术有丰富的信息量和趣味性，能吸引学生的注意力，但是在信息技术课堂上，学生面对单一机械化的你教我学模式，在基础技术已经掌握的同时还要面对学校课堂上重复的课程内容，且在没有考试压力时上课的积极性就会被打击，上课途中便会利用自身掌握的信息技术去做其他的事情，如玩电脑游戏、浏览网页等。这样的教学会导致学生对信息技术认识产生偏差，忽略信息技术除了日常生活中聊天、搜索信息外其他的重要功能。学生缺乏学习的主动性，使得他们在学习中没有发现问题、解答问题的完整思维体系，也缺乏探索精神，在接触信息技术知识时只能学会表面的信息技术知识，不懂其内涵，也不能举一反三地自己探索、解决问题。

如上文对信息技术特征的解读，多元化知识的融合性是信息技术的特征之一，信息技术的诞生、完善、操作、创新等任何一个环节都离不开各种理论的支撑。大学生的知识层面大多局限在数理化等科目考试范畴内，其他信息接触的频次不高且需要学生自己主动获取，存在的疑问解答渠道也有限。有部分学生依赖教师的存在，两耳不闻窗外事，一心向着考试内容冲刺，在信息技术学习时没有其他的知识作支撑，也不会耗费多余的心力来研究不同信息技术间的差异和规律。

依照建构主义的观点，知识的获取并不是依靠教师进行传授，而是通过学生借助一定的学习工具，在特定的社会文化背景下，利用共同意义的建构来实现的。这个意义建构的过程不仅仅依赖教师和学习伙伴，也需要结合其他的学习成果。因此，学生个人的知识背景与经验对于培养计算机学习能力是非常关键的。

3. 激励机制和评价机制

受应试教育的影响，目前很多学校对学生的评价方式仍然以分数为主，评价方式单一，且过于简单。这严重影响了学生创新思维的发展。在这样的评价方式下，学生只会通过死读书的方式来获得分数上的提升，而创新能力则完全被忽视，学生学习变成了为了分数而学。

一些教育者持有高分高能的观点，他们始终相信只有考高分的学生的能力才更强。这种想法在一定层面上来看并非错误，因为创新能力的发展必须以一定的知识作为基础，但是这一观点也不完全合理。其实，创新能力的关键在于教育者对学生创新意识的“唤醒”，而这种“唤醒”应该是鼓励与正向激励。当前很多学生都是独生子女，他们在大学阶段更为叛逆。叛逆期对于学生来说有利有弊，叛逆期的学生更容易根据自己的想法做事情，他们的想法也更为多样。教育者只要顺势引导，必然会激发学生创新意识的产生，这就需要教育者在平时和对学生的考核评价中多给予鼓励、少给予批评，多给予肯定、少给予否定，鼓励他们大胆想象，肯定他们的独到见解。

计算机课程是一门必修课，虽然教育者在大环境中没办法改变评价体系，但是他们可以在自己仅有的能力范围内采取多元评价。一方面坚持学校的基础评价，如分值评价等开展评价工作；另一方面可以采用灵活的多元评价，如采用学生是否有进步、是否敢于发表自己观点、是否能够在错误完成任务中寻找到完善与修正的途径等标准对学生进行评价引导，帮助他们获得全面的评价与自我认识。在评价中激发学生的创新思维，可以提高他们的创新能力。

4.教学方法的影响

目前，我国很多大学阶段的信息技术课程采用的是模块式理论教授方法，教师在讲台上讲，学生在讲台下听，这样的方法注重知识的灌输，而不注重对学生自主学习的引导。这样的教学方法在很大程度上遏制了学生的动手实践能力，也遏制了学生发散性思维的产生。教师的主导示范并没有给学生留有更多自主探究的时间；另外，很多学生对书本的文字会产生倦怠感，久而久之会缺乏学习的兴趣，更谈不上创新了。

信息技术按照教育功能分类，大致可以分为辅导学习技术、探索技术、工作方法技术与通信技术。目前，在对信息技术的认识中，人们对其工具作用的重视度都是极高的，这一点从欧美发达国家信息技术课程要求的侧重点上可以反映出来，各国对学生的信息技术教育也侧重于对信息技术工具的应用。信息技术工具化是从业者信息技术素质展现的重要部分，也是检验信息技术成果的重要手段。因此，信息技术工具化是从业者、教育者较为重视的方向，在现代化教学中培养学生的信息技术工具化能力是教育者的教育方向。

正是由于人们对信息技术工具化愈发重视，信息技术工具化的程度不断提高，这为高校教学提供了便利。把信息技术工具化应用在课程教学中的措施，有效地提高了教师的教学效率，替代了部分教学消耗大、描述式教学中人力不能完成的部分工作，为传统单一板书授课方式增加了些许的趣味，使教学内容开始出现图片、视频等多样化的内容，教师也摆脱了繁重、枯燥、重复的教学内容。教学技术的发展为教师提供了大量的信息资源和技术工具，教师可以利用这些资源开展教学活动，以克服教学环境在地理、空间等客观因素的局限性，同时教师合理利用技术可以设计出良好的教育技术产品，如“农村远程教育工程”建设，在偏远地区的教师培训，可以跨越区域性实施课堂教学；也有一对一的网上教学，能让学生接受专业教师的辅导。

教师在传统教育中的服务角色限制了其创新和应用意识的培养，同时也使得他们难以适应新课改的要求。为了让学生获得良好的教育，教师需要具备创新与应用能力的意识，并积极引领学生践行。学生的成长与教师的思维方式具有紧密相关性。若教师没有相应的认识，那么学生如何能够具备计算机应用创新思维呢？大部分教师觉得，培养学生的创新应用能力是非常必要的，因为它可以促进学生个人发展。然而，由于教学任务繁重，很多教师担心对过于注重创新会造成考试成绩的下滑。另外，培养能力是一个长期的过程，我们不能期望其立即见效。学生之间表现出的差异相当显著，因此教师很难应对所有情况。教师在授课过程中严格遵守“传授知识，解决疑惑”的原则，会导致课堂上呈现出教师独揽讲台、不断输入知识的场面，而学生则只关注抄笔记。使用枯燥无味、注重灌输的教学方式，会使计算机课堂缺乏趣味，缺少启发式的教育。教师在授课时更多的是模拟重复记忆。学生热衷于死记硬背，而缺乏创新精神和实践能力，这导致他们并不注重解决现实问题的重要性。尽管教学中涉及应用类型题目，但过于强调考试中的题型和不切实际的内容，导致培养出来的学生成为单纯应付考试的“工具”，而无法拥有创新与实际运用能力。

信息技术工具化的快速发展对于激发学生的积极性、完善信息知识的获取知识架构、传播信息等都是有利的。丰富的网络信息可以让教师的教学信息得到不断补充，能帮助他们在网络上学习其他教师的教学方式，取长补短，不断优化自身的教学方式、教学内容。这不仅能调动学生的积极性、达到教学的目的，对于教师自我专业素质的提升也是极有好处的。

但是任何事物的发展都是有利有弊的，信息技术工具化在教学中同样如此。使用过多的信息技术工具会给教师的教学带来一定的负面影响。技术工具的更新实现了传统教学中不能实现的内容教学、丰富了教学信息，也在一定程度上调动了学生的积极性，使教师摆脱了传统单一的教学方式。但技术的变化也使得教师不得不花费大量的时间和精力去了解新技术，繁重的工作增加了教师的教学负担。同时，教育部门在对教学成果、教学质量的评估上也增加了对新技术的运用考核，这对于教师来讲也会有一定的压力。对大多数教师来说，掌握一门技术并不是一件容易的事情，它需要学校和相关的部门建设完善的培训体系。同时，信息技术作为工具为教师提供了丰富的教学参考信息，教师也可以在网上搜索到与教学相关的信息。这也在一定程度上会让部分不自律的教师产生一定的惰性，不再主动地思考问题，而是借助网络信息在课堂进行演示。长久如此，信息技术对教师自身的提高、自我创新思维的提升也有一定影响。

5. 教学环境的影响

信息技术课程在很多高校并没有受到足够的重视，这是因为受传统应试教育的影响，很多学校还是比较注重与学生考试相关的语数外等主干学科教学，计算机往往被看作是可有可无的，只是在考核中需要的一项课程而已。一方面，信息技术教学课时排课较少，有的时候一周才排一次课，最多也不会超过两次课；另一方面，在经费投入上，很多设备老化，没有经费维修，信息技术课教师不得不自己进行维修。上机课安排时间较少，往往只占到所有课时的三分之一。学生参与自主实践与操作的机会与时间都受到了限制，没有探索的机会，更谈不上创新。所以很多计算机信息课程也只是流于形式，学生学习的方式也只能走马观花。

（二）计算机教学中影响学生创新能力发展的内在因素

1. 兴趣对培养学生创新能力的影响

轻视过程、注重结果的教育现状，让信息技术课陷入了看似学生有兴趣，但事实是学生提不起精神的怪圈。

从现状来看，其实信息技术课在很多学生眼中是能够让他们提起兴趣的课程，事实却相反。心理学研究表明，兴趣是人进一步提升思维的基石。根据调查，很多大学生第一次听到信息技术课或第一次接触计算机的时候，他们更多将计算机看作游戏机。他们本身的兴趣的出发点出现了偏差，当他们开始上课、接触到信息技术之后，发现课上内容与他们之前的“兴趣”是不同的，这就导致他们产生心理上的落差，没兴趣也就是从心理落差出现的那一刻产生的。

所以，第一堂计算机课对于纠正学生的兴趣是十分有帮助的。教师可以尝试设计开场白、向学生展示案例，如 Flash 等来转移学生的兴趣点，让他们理解计算机的另外一面，从而为激发他们学习计算机技术的兴趣做好铺垫。

2. 形象思维对培养学生创新能力的影响

信息技术中有一项最重要的内容，那就是电脑绘图，教育者完全可以借助这一内容开展对学生创新能力的培养。电脑绘图相比传统绘图来说，在构图、着色等方面有着很强的优势。学生可以根据自己的想象，在白色的纸张中随意涂抹、随意画线，以加深自身对空间构图的理解，并建立自己的空间思维。

在绘图时，教师要善于引导学生合理运用想象来完成某一绘画任务，如教师发布学生绘制出地球的图画，有的学生画的是圆形地球仪，有的学生绘制的是地球的展开图，有的学生绘制的是不同国家的版图形状。无论哪一种绘制方法，都是学生提高思维能力的现实表达。还有一些学生在没有接受教师的指导，也没有学习过相关知识的情况下，自己对绘图中各种工具尝试进行使用，虽然使用得并不是很流畅，但是这从一定层面上表明了学生自主探究的意识。还有一些学生自主掌握了如何复制图形的技巧，以及使用图形翻转技术等，这些都与他们的大胆尝试以及自主探究有关。教育者面对学生的这些行为，应该给予鼓励和肯定，不能反对他们的尝试，否则不利于学生的自主探究和创新能力的形成。

大学生有着很强的求知欲，教育者要抓住这一点，不断激发学生内在的创新思维潜质，不断为学生创造在任务学习中自主探究的机会，多给予学生实践和想象的空间，这样一来学生就会获得朝着创新前进的源源不断的动力。

第三节　高校计算机教学学生创新能力培养策略

一、计算机对创新能力培养的支持

随着近几年科学技术的迅猛发展，计算机形成了数字集成化、网络立体化、虚拟重现化的发展特点，以上这些特点为现代教育理念的实现提供了有力的技术支持。借助计算机，教师可以创设具有丰富表现力、极强交互性、多维化、集成性、良好组织形式的开放式学习环境，使教师的主导性和学生的主体性能够更好地发挥出来。计算机在教育领域的应用为学生创新能力的培养开启了新篇章。教师可以通过创设教学情境，激发学生兴趣，提高其求知欲，让学生以更加积极的态度投入学习。这种积极的参与状态有助于学生深化和拓宽学习领域，能使学生在探索知识的过程中不断发掘创新潜能。互联网的广泛应用和校园网的搭建为学生提供了获取信息的便利途径，可以让他们在无心理障碍的情况下勇于提问、互动学习、探索创新，从而培养出敢于自主的精神和提升自身能力。计算机的网络特性进一步拓宽了学生的交流空间，打破了地域限制，便于学生开展协作学习。丰富的网络教育资源悄然影响着学生，为创新能力的培养开启了新渠道。这些教育资源不仅拓宽了学生的视野，还为他们提供了更多的实践机会，能够帮助他们在实际操作中锻炼创新能力。

二、计算机教学大学生创新能力培养问题的解决

（一）改变学校领导不够重视的情况

为了让学校领导重视教育过程，我们需要让他们深入参与其中。关键的一环

是安排他们进行课堂参观，这样他们就能直接了解课程内容。例如，我们可以在教学中创新性地设计一个环节，让学校领导与学生们一起学习计算机屏幕设置。通过观察学生们个性化设置壁纸的颜色和内容，领导们能够直观地认识到学生们具有独立思考的能力，他们需要的是一片广阔的创新培养空间，学校领导不能埋没这些独特思维的火花。这种深度的参与和直观的体验，将使领导们更加重视教育创新和培养学生独立思考的重要性。

（二）改变学校教师能力不足的情况

在当前来看，教师能力不行，其解决方法还是让教师进行相关培训。教师可以主动去听一些著名教授的课程内容，从而提升个人能力。这对于大部分教师而言都非常重要。

三、构建计算机课程的创新教学模式

创新教学模式是为了在计算机基础课程中培养学生的创新意识、创新精神和创新能力，贯穿教学始终。展示教学创意需要确定教学目标、构思教学情境、规划教学流程、挑选教学方式和方法、组织教学内容、策划评价方法。这些措施能最终帮助学生培养和加强创新意识、创新精神以及创新能力。

（一）关于创新课堂教学模式的初步构想

现今的传统课堂教学模式不具备培养学生创新品质的优势，我们需要研究现有的课堂教学模式，从中发掘可行和合理的部分，借鉴优秀之处并改进自身不足，创新知识管理，以更好地适应知识经济时代的发展需要，从而学生培养成具备创新意识、创新精神和创新能力的人才。教学模式可将教育理念和教学策略变成实际，是指导实际教学实施的手段。通过创新的课堂教学模式，教师可以更好地将创新教育思想融入到实际教学，清除传统课堂教学模式的负面影响。经过实践验证，这种教学方法能够激发学生创新思维、加强他们的创新素质和能力，同时也能够培养学生的创新意识。应建立以学生为核心的教学模式。在这种模式下，学生成为主体，需要主动地建构知识意义。在教学过程中，教师承担着组织者、指导者、支持者和促进者的职责。学生在现代计算机的强大支持下，能积极地参与学习和探索，激发出创新思维，并持续地尝试出新的做法，这样可以训练学生的创新精神和能力，提高其整体素质。这种教育方法符合现代社会对于培养人才的要求。

（二）发现探究教学模式

教学模式的探究过程可以分为四个核心环节：发现问题、探索并解决问题、处理数据得出结论以及交流评价研究成果。首先，在发现问题环节，教师发挥引导作用，带领学生识别问题，并确定研究的领域和范围。这一阶段的目标是让学生具备发现和界定问题的能力。接下来，在探索解决问题环节，学生需要提出假设、搜集相关资料，并根据搜集到的信息对假设进行修正和验证。这一环节旨在培养学生的创新思维和实践能力。然后，在处理数据得出结论环节，学生需要对收集到的数据进行处理，并撰写报告。这一环节的目标是让学生掌握数据分析的方法，并使他们能根据数据得出合理的结论。最后，在交流评价研究成果环节，学生需要将研究成果进行展示和分享，同时接受他人的评价和反馈。这一环节旨在培养学生的沟通能力和批判性思维。

基于建构主义学习理论、“最近发展区”理论和终身教育理论，计算机探究教学的课堂教学模式包括五个环节。首先，教师需要创设情境，提出问题，激发学生的兴趣和好奇心；接下来，学生可以根据已有的知识和经验，提出猜想和假设，为后续的探究打下基础；然后，学生需要搜集相关资料，通过对资料的分析，得出对问题的解释。在这个环节中，教师要引导学生正确理解和运用科学方法；紧接着，学生需要将所学知识与其他同学进行交流汇总，并通过讨论和分享，加深对知识的理解和掌握；最后一个环节是应用创新，学生要将所学知识运用到实际问题中，培养自身解决问题的能力和创新思维。

（三）计算机教学中培养学生创新能力的具体教学策略

在教学过程中，课堂教学是一个重要核心的过程，它涉及教学策略的制定和实施，这两方面要着重关注。教学策略指的是教师根据教学目标和学生特点，在具体的教学活动中有目的地选择、组合和运用相关的教学资源和方法，从而形成高效的教学方案。教师采用多种不同的教学策略，能够增添课堂的趣味性和吸引力，从而激发学生的创新潜力，产生的效果与未采用教学策略会截然不同。在教学中关键的是如何运用教学策略，教师掌握好这个技巧可以在一定程度上激发学生的创新能力。因此，教学策略的使用和应用水平非常关键。

1. 教师转变角色观念

（1）教师教育角色的转变

在高校计算机课程教学中，教师应尊重学生的个性，特别是大学生已经有了独立的思想和个人的知识储备，他们对于事物的认识有了自我评判，大学生的价值观也趋于完善，个性化正是大学生气质的一部分，尊重学生的个性也是尊重他们的思维方式。当学生觉得自己的思维方式被认可后，他们才会有学习、思考的动力。在大学阶段，学生是学习的主导者，特别是计算机课程中，教师不能再和基础教学一样进行强制灌输。同时，一个适合学生培养创新性思维的环境，在计算机的教学过程中也是极为重要的，教师要为学生的个性发挥提供一个轻松的环境。计算机课程作为一门新兴的学科，其开放性和实践性的特征使其教学内容丰富多彩，信息的展现形式呈现出了多样性。因此，教师可以利用丰富的教学形式在课堂教学过程中对信息内容进行展示，提高学生的求知欲。多样化的信息也可以让课堂氛围变得放松，更有助于发散学生的思维、增加学生的见识，进而能够为学生创新性思维的发展创造良好的环境。

教师要对学生的创新过程进行积极引导和评价。大学生虽然有一定的知识储备，但是这些知识在深度性和广度上还是有所欠缺的，特别是在面对丰富的信息和专业的技术工具时，教师的引导是学生提升技能不可缺少的。教师对学生提出问题要给予认可，不能因为问题本身来否定学生积极思考的态度，否则会打消学生学习的主动性。对学生的评价要重视学生学习过程中态度的变化，既要对其学习知识进行引导，也要对学生学习时遇到难题等情况发生的心理变化进行引导。教师要鼓励学生积极思考，自主学习，提升创新能力。

（2）构建友善的课堂氛围

对于需要后天培养的创新能力来说，环境和教育的影响具有非常重要的作用。尤其是大学生，教师为他们创建一个利于创新能力培养的良好氛围，可以让他们更积极主动地参与思考，全身心地投入到学习中来。教育家陶行知曾指出："创新能力最能发挥的条件是民主。"① 培养学生创新能力的理想起点，就是一个营造轻松、和谐学习环境的过程。这样的环境能为学生自由思考奠定基础，让他们在宽松的氛围中探索未知。在教学过程中，教师应关爱学生，尊重他们的个性，给予充分的理解和信任。通过创设一个轻松愉快的学习氛围，师生之间能够建立融洽、宽松、友好、民主的教学平台。这种平台能够激发学生与教师合作的意愿，使学生在学习过程中保持积极主动。在教学过程中，师生的情感互动与知识、信息的传递和反馈相辅相成。学生的思维在这个过程中往往能迸发出意想不到的智慧火花。教师要学会用亲切的眼神、友好的态度、细微的动作和热情的赞扬来拉近与学生的心灵距离，要让他们在精神上得到满足。尤其对于成绩较差的学生，教师要多鼓励、少批评。这样的教育方式有助于提高他们的自信心、降低其焦虑感。在宽松的课堂环境中，学生可以放下对教师的恐惧，无需担心回答不出问题而受到否定和嘲笑。在这样的环境中，学生的思维更加活跃，没有束缚。当他们成功地解决问题时，他们会体验到学习的乐趣，认识到自己的价值。这种正向的体验和认知能使学生对学习产生兴趣，形成良性循环。

在师生交流对话中，问题扮演着根本的角色。若没有问题存在，师生交流互动将受到限制，也较难激发学生的创新思维活动。为创造积极的课堂氛围，教师

① 陶行知．陶行知文集 [M]. 太原：山西教育出版社，2021.

需要善于利用问题，引导学生提问并鼓励他们勇于提出问题。对于那些不敢或不愿意提问的学生，教师应该给予引导和支持，帮助他们发展创新思维能力。当回答学生的问题时，教师应确保评价是准确的，要对学生的正确回答给予肯定，对错误回答给予指导而非简单地否定。教师在关注学生的解答时，应更注重他们的思维过程，如思考是否合理、是否偏离了目标，并且还要考虑他们在思考问题时是否充分考虑了各种情况。为帮助这些学生，教师应该积极地赞扬他们，并提供支持和指导，助力他们探索更高效的解决方案。过于频繁地斥责和指责学生，可能会阻碍他们思维的成长，抑制他们的创造性思维。此外，教师还需克服依赖自己的教学权威心理，避免使用一些具有评价意味的语言，例如“你的回答毫无根据”“你的答案不够标准化”。教师的角色是启发者，他们应该用积极的态度激发学生们的潜能。通过使用鼓舞人心的语言，教师可以引导学生自发地发言，鼓励他们表达真实的想法。此外，教师还应教导学生如何与他人分享，让他们在分享过程中体验到快乐。当学生的视野得到拓宽，他们在思考和分享的过程中会感受到满足和成就感。这将有助于学生逐渐减少对教师的依赖，更加自觉地进行思考。在这个过程中，学生们的灵感火花将不断涌现，从而促进他们的个人成长和学术进步。

2. 通过实例演示激发学生兴趣

兴趣是推动个体积极挖掘事物内在潜能的动力，能为认知过程赋予乐趣和期待。兴趣可以激活创新潜能、优化智力表现，使个体变得敏锐、思维活跃、富有想象力，进而提高创新效率。大学生具有天然的好奇心和求知欲，他们对未知事物充满探索欲望，这是他们创新精神的根基。教师应当紧扣这一特点，唤醒学生的学习兴趣和对知识的渴望，抓住时机，从兴趣的激发、培育、提升和巩固四个方面出发，培养学生的创新思维，让他们在求学路上保持热情。大学生的兴趣爱好包括课外书、时事新闻、体育运动、动漫、音乐、美术、访谈类电视节目、电影、旅游、游戏、娱乐等。

因此，在计算机教学中，教师应着力于将抽象的理论知识与有趣的现象相结合，以此激发学生的学习热情。如在自选图形应用的课程中，教师可以选择将“吸烟危害健康”作为主题，通过展示“禁止吸烟”的图片，引发学生的兴趣，并进一步教导他们自选图形的制作技巧。这样的教学方法有助于引导学生形成积极的学习心态，是一种提高学生学习兴趣的有效策略。

教师在新课标指导下，需要充分利用学生的生活经验，引导学生将所学知识应用于生活，解决身边的问题，并要使他们认识到计算机在现实生活中的重要性。教学过程中，教师应着力将计算机与生活实际相结合，使之成为教学的一部分。例如，在教授“画图”工具时，教师可以巧妙地融入交通安全教育，让学生对交通符号产生兴趣，进而促使他们积极学习画图技巧，甚至自行制作交通标志。这样的教学方式，不仅能使学生掌握画图工具的使用方法，还能加深他们对交通符号的认识，拓展其知识领域。实际案例的展示，可以激发学生的兴趣，能进一步推动其创新思维能力的发展。将计算机技术与生活实际相结合，不仅能提高学生的学习积极性，还有助于他们更好地理解和应用所学知识，从而在解决实际问题的过程中，认识到计算机在现实生活中的重要性。

3. 运用多种方法促进学生联想

“教学有法，但无定法。”这句话揭示了教学方法的选择和运用是一种创新性的活动，是一种教学艺术。恰当的教学方法能助力教学任务和目标的顺利完成。然而，调查显示，在我国大部分高校的计算机基础课程教学中，传统教学方式仍占主导地位；课堂教学往往成为教师的独角戏，缺乏创新性地引导学生自主探索和发现新知识的过程；教学过程中的互动也相对较少，学生大多只能被动接受知识。

传统的教学方法不利于学生的创新发展。因此，教学方法的创新迫在眉睫。教学方法在创新教学模式中具有举足轻重的地位，尤其是在计算机基础课程领域。这门课程的特点在于实践性，创新能力和创新意识的培养也离不开实际操作。因此，教师需要采用能激发学生创新欲望、提升学习积极性的教学策略。同时，教师要根据各种实际情况，灵活搭配各种教学方法，以实现教学效果的最优化。创新教学模式的核心在于激发学生的创新精神，而实践则是实现这一目标的关键。在计算机基础课程中，教师可以通过项目驱动、问题解决、案例分析等教学手段，引导学生积极参与到实践操作中。此外，教师还可以利用信息技术手段，如在线学习平台、虚拟实验室等，为学生提供丰富的学习资源和实践机会。

知识有限，想象力无穷。在教育过程中，教师的角色至关重要，他们可以引导学生发挥想象力，激发他们的创新潜能。通过鼓励学生保持好奇心、拓宽知识面，以及提供自由的想象空间，教师可以帮助学生构建合理的知识结构，提升他们的创新思维能力。在这个过程中，学生需要勇于尝试，大胆创新，将想象变为现实。而教师则要为他们的创新之路提供支持和指导，助力他们在未来为社会作出贡献。

（1）创设问题情境，促进学生联想、想象

教师要让学生求得真正的知识，发展他们的想象力和创新能力。首先，教师应创设问题情境，以培养学生创新思维。问题情境如同一片沃土，能让学生在探索中成长，孕育出创新思维的果实。其次，提问技巧至关重要。疑问、挑战性、反思性、主体性问题，犹如一把钥匙，能开启学生思维的大门。教师要善于运用这把钥匙，引导学生深入探究。再次，教师要培养学生的质疑勇气和兴趣，尊重他们的提问，共同探讨解决问题。让学生在平等、自由的氛围中，敢于提问，勇于探索。课堂上，思维停滞、气氛沉闷时，教师要善于利用问题刺激学生，激发他们的学习兴趣，让课堂重新焕发生机。此外，教师要重视学生的已有经验，引导学生独立发现问题。教师要让学生在自我认知的基础上，发挥主动性，独立思考，发现问题。教师要培养学生的问题意识，通过课题、重点词句、关键矛盾引导学生发问。教师要让学生在阅读、学习中，学会抓取关键信息，形成问题。课后总结环节，教师要引导学生展开想象性发问，增强学生想象力。教师要在总结中启发学生思考，激发他们的想象力，让思维更加开阔。最后，教师要引导学生提出“假如”“比较”“类推”等问题，促进学生联想。教师要让学生在提问中学会关联思考，提高解决问题的能力。总之，教育教学是一门艺术，教师要善于运用问题引导，激发学生的创新思维，培养他们独立思考的能力。

教师在教学过程中应注重创设问题情境，引导学生自主发现问题，从而激发他们的好奇心。通过采用步步紧逼、层层深入的教学方法，教师能够培养学生的创新思维能力。同时，教师还可以设计质疑问难的教学环节，或运用引导技巧，使学生在学习中不断产生疑问。这样的教学方式有助于培养学生的提问能力，推动他们深入学习和探索。

（2）运用思维导图促进学生想象和联想

思维导图，这一创新性的笔记方法，起源于20世纪60年代，由英国人托尼・巴赞创立。它以其独特的方式，颠覆了传统的笔记方法。通过直观形象的图示，思维导图展现了概念间的紧密联系，极大地推动了创新思维的发展。

思维导图是一种模仿大脑自然构型的创新思维激发工具，有独特的放射性结构。在制作过程中，关键点的把握和视觉元素的运用如颜色、形状和图案，能够平衡左右脑的发展。对学生而言，思维导图能以图像和颜色的吸引力激发他们的兴趣和创新思维。这种图表以清晰且易于记忆的形式展示知识点，有助于学生集中注意力、提高学习效率。同时，思维导图的教学方法可以激发教师和学生的自发行为，增强创新性。在计算机中使用思维导图可以清晰地展现知识点之间的关系，有助于学生进行理解联想。总的来说，思维导图教学既富有乐趣，又能有效培养创新思维能力。它是一种既符合大脑工作方式，又能激发创新思维的有力工具。通过图像和颜色的运用，它不仅能够吸引学生的注意力、提高学习效率，还能激发教师和学生的创新行为。此外，思维导图的放射性结构能够清晰地展现知识点之间的关系，有助于学生进行理解联想。这种教学方法既有趣味性，又能有效提升学生的创新思维能力。

4. 创设积极的评价机制

教育教学过程中的核心环节是评价，它具有承前启后的作用，连接着过去与未来。评价不仅能对已完成的教学活动进行客观、全面的评估，还能为教学活动提供及时、有效的反馈，以便教师根据评价结果进行教学优化和调整。在教育实践中，评价范式的新与旧并非关键，重要的是能否充分发挥评价的积极作用、推动教学活动的持续发展。只有充分发挥评价的激励、诊断和反馈功能，教师才能确保教学质量，促进学生的全面发展。

计算机课程是一门高度实践性的学科，要求教师全面评估学生的信息素养，注重培养学生的个性和创新精神。为了实现这些目标，评价方式包括两个方面：一是通过电子学程档案记录学生的学习过程，以便教师能够了解学生的真实表现；二是教师评价学生的作品和任务完成情况，将有价值的资料纳入评价体系。在这个过程中，教师应该鼓励和指导学生的操作和学习，特别是在学生取得成功时，教师要表扬和鼓励他们，以增强他们的成功体验，提高学习兴趣和效果。

在教学中，教师要对一些学生采用多层不同颜色的文本叠加技术，以创造出阴影效果。对于这种新颖的做法，教师应当给予积极的激励和赞美，这是非常重要的。这样的做法不仅提升教学效果，也能让教师在轻松愉快的氛围中帮助学生掌握了技能。更重要的是，这也有助于培养学生的自信心和创新意识，进一步推动他们的创造性思维发展。在新的教学准则中，要求在评估学生时，不仅要关注他们对于知识和技能的掌握和理解，也要重视他们的情感和态度的培养与发展。应当给予学生正向的评价，以发挥评价的激励作用。因此，教师在课堂上需要准确把握评价的标准。当学生呈现出创新的答案时，应该给予积极的肯定和鼓励。即使学生的答案与正确答案不一致，也要以善意的方式进行纠正。在这样的情况下，要鼓励学生表达自己的想法，并立即给予评价。教师可以采取倾听策略，先让学生对自己的发言进行评判，然后与他们共同倾听彼此的想法和感受，从而促进学生思维和情感双重成长。评价电子作品时，教师不能单纯地根据优劣等级进行评估，而应该综合考虑作者在知识技能等方面的能力以外的其他方面，给出全面客观的评价。在学习了演示文稿制作之后，教师应要求学生自行选择一个主题，准备并进行一次演讲，并要求学生利用电子投影仪向整个班级展示他们的演讲主题。尽管每位学生在审美观和讲演能力方面有所不同，教师应该始终关注每位学生的进步。即使一个天性腼腆的学生的演讲不及一个性格开朗的学生，但只要他在口头表达能力方面有了提升并挑战了自己，教师就应该给予表扬。有独具特色和创新性的作品应该得到教师积极的推崇和支持。

5. 优化知识结构

学生即使拥有大量的知识，也无法保证他们具备高水平的创新能力，其原因之一就是他们缺乏系统化的知识结构。学习知识是一种将外部信息融合为个人独特思维基础的过程，只有这样才能真正发挥知识的作用。一个合理的知识结构应该同时拥有深入的专业知识和广泛的知识背景，能为事业的发展提供最适宜和最优化的知识支持。因此，建立学生适当的知识体系至关重要。为了提高自身的创新能力水平，大学生建立知识结构时必须避免知识面过于局限。

（1）利用教材内在的逻辑结构

教师在教学过程中，扮演着知识引导者的角色，他们需要引导学生探索新知识，同时，也要帮助他们将新知识与已有的知识体系进行有机的联系和整合。这样，学生才能更好地理解和掌握知识，形成系统化的知识结构。而知识的联系和比较，则是培养学生“触类旁通”思维能力的关键。当学生能够在理解和掌握这种思维方式的前提下学习新知识时，他们就能更快地与之建立联系，从而提高学习效率。

（2）通过个人知识管理优化知识结构

个人知识管理是一个过程，通过这个过程，可以使用各种工具来建立和完善自己的知识体系。这个过程包括知识的收集、吸收和创新。借助个人知识管理软件，可以更高效地管理知识，从而更好地助力学习。这种知识管理方式的优势在于，它可以帮助收集和消化日常生活中所需的创新、学习和生活的素材。这样一来，就能够避免思路中断，始终保持知识的连续性和完整性。同时，通过个人知识管理，学生可以清晰地了解自己的知识结构，并根据需要适时进行调整。这不仅有助于学生提高学习效率，也有助于他们在不断学习和成长的过程中，始终保持对知识的敏感度和热情。

个人知识管理是一个长期的过程，需要耐心和毅力。在开始之前，学生应该了解并掌握相关软件的应用，这样才能更好地进行知识管理。通过分类自己感兴趣的主题，如动漫、娱乐等，学生可以更加熟悉软件的操作，为后续的知识整合打下坚实的基础。然而，他们在这个过程中可能会遇到一些困难，如归类困难、操作乏味等，这都是知识管理短期内难以见效的表现。在这种情况下，教师的角色就显得尤为重要，他们需要引导学生完成分类等知识管理工作，帮助学生克服困难，坚持下去。

（3）课程整合，开阔视野

计算机课程不仅教授计算机基础知识和软件操作，还涉及多媒体内容的处理，如文本、声音、图像和视频等。此外，数据采集和处理等操作也是课程的重要部分。为了激发学生的创新精神，教师要融入物理、语文、美术、音乐等跨学科知识，使教学更加丰富多彩。以 Photoshop 课程为例，教师要教导美术方面的色彩搭配和绘画技巧，让学生在掌握计算机技能的同时，他们也能领会艺术的魅力。此外，教师还可以推荐一些优秀的资源网站，如网页制作和音频素材等，以便学生能更广泛地获取知识和技能。

（4）注重学生认知结构的发展和自我发展

①注重学生认知结构发展

学习过程的本质在于认知结构的形成、调整及优化，这是决定学习成果的关键所在。认知结构具有差异性、整体性、层次性、发展性和能动性等特征。优质的认知结构有助于学习的正向迁移。以计算机基础知识中的数制转换为例，学生需在构建十进制与二进制转换规则的认知结构后，才能更好地学习八进制、十六进制与十进制的转换。因此，计算机基础课程教学应关注学生认知水平的分析，并据此进行教学设计，着力培养良好的认知结构。

②注重学生认知结构的自我发展

理想自我发展的目标是塑造个体最优品质。心理学研究表明，人类天生具有自我肯定的需求，期望获得他人的赞誉和满足自我需求，这是推动自我发展能力的起点。在创新品质的形成过程中，学生自我能力的发展具有关键作用。因此，在各种教学环境中，都应尊重并支持学生自我发展。在计算机基础课程教学中，需引导学生通过主动探索、交流讨论和积极合作，在广泛的知识学习中实现自我发展。为此，教师应关注学生个体差异，创设有利于学生自主学习的情境，激发学生的内在动机，帮助他们建立自信，培养创新精神。

6. 强化实践教学

调查显示，许多学生将计算机实践课视为一种休闲方式，借此进行聊天、游戏和论坛浏览等活动。教师应改变这种现状，善用它来提升学生的知识、技能和创新能力。实践是一种创新性的脑力劳动，是知识和能力的积累与发挥。计算机实践课能巩固知识、提高操作水平，并有助于学生创新能力的培养。创新来源于实践中的知识积累和经验应用，能产生新的思考、见解、方法和作品。为了最大化实践课的效果，教师应安排丰富的实践内容，保证上机时间，锻炼学生的动手能力和想象力。计算机课是实践课的典型代表，对培养学生创新能力具有重要作用。在实践中，学生可以将理论知识与实际操作相结合，深入理解和掌握计算机科学。丰富的实践内容能激发学生的兴趣，培养他们的探索精神和创新能力。总之，计算机实践课是我国教育培养创新人才的重要途径。教师应充分发挥其作用，引导学生积极参与，培养他们的知识、技能和创新能力，为我国科技发展贡献力量。

（1）在模仿中创新

应用软件教学是计算机教育中不可或缺的一部分，它以灵活的专业知识、实践操作、创新发展等核心特质，对学生想象力培养产生深远的影响。这种教学方式不仅有助于学生掌握专业技能，还能激发他们的创新精神。在教学过程中，教师可以运用范例教学法，引导学生通过模仿和实践，实现创新思维的发展。这种方式能使学生在掌握知识的同时，充分发挥想象力，为未来的创新能力打下坚实基础。

教师在教学过程中应当注意以下几点：首先，要设定创新性的评价标准；其次，要给予学生足够的发挥空间；再次，要提供多样化的范例以激发学生的创新欲望；最后，要在构思阶段进行巡回指导。这样的教学方法不仅能拓宽学生的视野、丰富他们的想象力，还能帮助他们创作出富有创意的作品。

①教师提供范例

如教师可以提供一张“手”的图片，要求学生根据图片发挥想象自拟主题进行设计创作，最后进行图像的合成和美化。教师在提供的素材库中找到了一个药片的图片，接着教师介绍自己的创意——一个药片的宣传海报，并完成作品。

②引导学生分析范例及相关技术

在完成作品的过程中，教师引导学生分析所用到的工具及技术，可以把美术中的构图技术整合进来。

③教学拓展

教师还可以把这个广告的主题写在图片上，或者再加上其他的修饰，使主题更突出。教师可以进一步展示一些别人的作品，让大家从中学习，总结所用到的 Photoshop 技术，并感受创新的乐趣。

④完成作品

教师可以根据学生的个性特征和学习水平提前给学生分组，以小组为单位设计完成作品。

在教学过程中，教师的角色如同一位智慧的引路人，要鼓舞学生勇敢地探索创新之路。教师要引导学生回顾已掌握的操作技能，激发他们的想象力，鼓励他们大胆创作。此外，教师还应关注那些技术稍差的学生，帮助他们找到自主学习的途径，提高他们的技术水平，使他们的作品更加流畅生动。

（2）在探究中创新

探究性学习鼓励学生主动参与到学习过程中，通过自主选择学习材料，摸索出适合自己的学习方法。在寻求问题答案的过程中，学生不仅能够提升自己的思维能力，还能培养自主学习能力。这种学习方式强调试错的重要性，鼓励学生在不断的尝试和错误中积累经验，从而习得隐性知识。

在教授学生文字处理、图形处理和艺术字处理工具之后，教师要为学生设置一项富有挑战性的作业，旨在考查学生对所学技能的掌握程度以及创新设计能力。作业要求学生独立设计并制作一份纸张大小的彩报，内容需积极向上，传递正能量。同时，版式要有独特之处，避免平庸。此外，文字要优美，符合主题，并能吸引读者的注意力。在色彩搭配方面，要注重和谐统一，使整份彩报呈现出一种愉悦的视觉感受。为了完成这项作业，学生需要独立搜集素材，充分发挥所学技能，努力达到这些要求。这将有助于提高学生的综合素质，培养他们的创新意识和审美能力。

真实题目的设计能使学生在实践中激发兴趣，充分调动他们的主观能动性。在这个过程中，学生不仅能积累实际操作经验，而且能提升综合分析、解决问题的能力。这种自主、探索和创新的学习方式，有助于培养学生的独立思考能力和创新精神。通过真实题目的设计与实现，学生在软件开发领域能获得宝贵的实践经验，从而为将来的职业生涯奠定基础。

（3）在应用中创新

教学计算机课程，旨在激发学生积极将所学技能应用于生活和学习实践，创新与实践相互促进。教师需根据大学生实际需求设计课程，让他们学会用计算机解决问题。通过的热门话题或英雄故事，教师要让学生亲身体验构建适应社会发展的价值观和责任感，从而获得成就感。实践课程的应用性至关重要，如设计名片、制作参赛作品或协助其他学科教师制作课件等。在此任务指导下，教师与学生需要共同讨论制作方法和设计方案。教师要在讲解网页制作知识的同时，引导学生实际操作。当学生遇到问题时，他们会主动向教师请教。在教师的引导下，学生能够不断完善作品，实现教学目标。

第五章　高校计算机教学革新途径

本章将围绕高校计算机教学革新途径进行论述，包括三部分内容：基于人工智能的高校计算机教学革新、基于云计算的高校计算机教学革新、基于项目教学法的高校计算机教学革新。

第一节　基于人工智能的高校计算机教学革新

一、人工智能技术在计算机教育中的应用

（一）人工智能技术概述

人工智能是近几年来才被人们所熟知与认识的，它主要是应用人工模拟操控以及实现人的智能扩展和延伸，属于一项综合性的技术，综合了相关的智能技术以及操控技术，人工智能的应用主要是以计算机为载体来实现的，从根本上来讲是讲求高应用技能的计算机。

人工智能在应用时凭借的是人工技术，近几年来伴随着科技的不断进步以及电子产品（如手机、电脑等）的不断更新，人工技能也拥有了更坚实的应用实现的基础。我国现代的人工智能研究主要包括三个领域，分别是智能化的接口设计、智能化的数据搜索、智能化的主题系统研究。

人工智能作为计算机科学的一个重要组成部分，旨在模拟和理解人类思维，以及通过计算机科技实现人类智能的拓展和延伸。这一领域的研究涉及机器人、语言识别、图像识别、自然语言处理和专家系统等多个领域。其研究目标在于揭示智能

的本质，以便制造出能够像人类一样作出反应的智能机器。随着人工智能技术的不断发展，其理论体系和实践技术日益完善，应用范围也在不断拓宽。在未来，人工智能将更好地服务于广大民众，其创造的科技产品将成为人类智慧的有力体现。

（二）人工智能的主要特点

当前，我国的人工智能主要集中在三大领域，计算机实行智能化应用主要是通过模仿人类大脑的智能化来实现的，未来的人工智能技术是具有超强发展潜力的新领域，对人们的生产以及生活都会产生很大影响，对信息技术的整体发展也会产生深远影响。而且人工智能给人类带来的影响是潜移默化的，它在不知不觉中改变着人类的生活方式以及工作学习的方式，让我们的生活变得更加便利，也为我们提供了多元化的科学选择。

智能技术包括人类智慧和计算机智慧，二者相互促进。人工智能可以将人类智慧转化为机器智能，通过智能教学等计算机辅助手段，机器智能也可以提升至人类智能水平。通过这种方式，人类和计算机可以相互增强，推动彼此的发展。

1. 人工智能的技术特点

（1）强大的搜索功能

搜索功能指的是采用一定的搜索程序对海量知识进行快速检索，最后找到答案。

（2）知识表示能力

所谓知识表示能力，是指用人类智能表示知识的行为，而人工智能相对来说也会具有此类特征，它可以表示一些模糊的知识。

（3）语音识别功能和抽象功能

智能程序凭借其强大的抽象能力和对不精确信息的处理能力，能够迅速识别问题的关键点，并在人类提供简要描述的情况下，独立解决问题。这种高效、灵活的处理方式使人机合作变得更加便捷，为人类带来了极大的便利。

2. 智能多媒体技术

（1）人机对话更具灵活性

传统多媒体教育方式因缺乏人机互动，其教学过程显得单调乏味，教学效果也因此而未能达到预期。然而，智能多媒体的出现改变了这一局面。它能够实现人机对话，让学生可以运用自然语言与计算机进行交流。更为重要的是，智能多媒体能够根据学生的个性特点，提供差异化的解答，从而提升教学效果。

（2）更具教育实践性

学生的素质、知识面和学习主动性各不相同。为了在这样的环境下实现教育效果的最大化，人工智能成为我们的得力助手。它能够根据每个学生的学习基础、知识水平和个人能力，为他们量身定制独特的学习内容和目标。这样一来，学生们就可以在适合自己的节奏中进行学习，以提高学习效率。

此外，人工智能还能够针对学生的特点和需求进行针对性指导。这不仅有助于激发学生的学习兴趣，还能帮助他们克服困难、提升自身能力。通过这种方式，我们的教育变得更加人性化、智能化，能够让每个学生都能在个性化教学中找到自己的位置，实现全面发展。

（3）人工智能系统还必须具备更强的创造性和纠正能力

创造性是人工智能的一个明显的特征，而纠错能力也是它的一个表现方面。

（4）人工智能多媒体还应具备教师的特点

一种智能评估方法，旨在分析教师与学生的学习行为，从而帮助他们发现自身不足，并提升学习能力。通过运用此方法，师生双方都能在教育过程中获得实时反馈，进而实现共同成长。

（三）智能计算机辅助教学系统

1. 人工智能多媒体系统

（1）知识库

智能多媒体的应用已经远远超过了仅仅将纸质教材转化为电子形式的范畴。

它现在是一个具备自主知识库的工具，可以根据教师和学生的特定需求进行个性化设计。更重要的是，这个知识库能够实现资源共享，以便于所有使用者能够获取相同的信息，并且能够实时更新，以确保知识的准确性和时效性。

（2）学生版块

在智能教学中，教师不再是单一地按照既定计划授课，而是能够根据学生的实时反馈调整教学策略。这种教学模式借助先进的技术手段，如大数据分析、人工智能等，能深入了解学生的学习状况，挖掘他们的需求和潜能。

（3）教学和教学控制版块

这个版块的关注点在于教学方法，可以通过分析学生特点和学习状况，以及运用智能系统搜索知识和针对性教育措施，实现教学的整体性。这需要教师具备丰富的领域知识、教学策略和人机对话技巧，以提供个性化的教学服务。

（4）用户接口模块

这是一个不可或缺的板块，整个智能系统的运作仍然离不开它。在这个板块中，人机交流至关重要，用户通过用户接口将教学内容传输给机器，从而实现教学目标。

2. 人工智能多媒体教学的发展

（1）不断与网络结合

网络的快速发展和智能多媒体技术的紧密结合，将推动智能教学向多维度的网络空间发展。这种发展趋势不仅有助于提升教育教学质量和公平性，还将激发教育创新，为人类文明的进步贡献力量。

（2）智能代理技术的应用

教学模式正在不断发展，逐步转向学生与机器协同学习的模式。在这种模式下，教师的指导作用逐渐被智能机器所取代，例如智能导航系统等。

（3）不断开发新的系统软件

教学现代化的发展主流是教学智能化，这需要我们不断开发新的系统软件以满足不断发展的网络需求。因为旧的系统无法满足这些需求，所以我们必须要加快更新速度。这样的系统软件能更好地帮助学生解决问题，从而有利于他们的学习和教师的教学。为了实现教学智能化，需要让智能教学系统充分发挥自身的智能功能。这要求从师生双方出发，体现高性能特点，强调高科技手段的巨大作用。通过这种方式，我们可以进一步推动智能教学系统的发展。

（四）计算机辅助教学的现状

计算机技术在教育领域的应用，即计算机辅助教学（CAI），是对传统教学模式的重大改革。然而，随着教育事业的不断发展，传统的计算机多媒体教学模式逐渐暴露出一些不足之处，主要表现在以下四个方面：

首先，相对于传统教学方式，CAI 无疑是一种教学模式的飞跃。它利用计算机技术，为学生和教师提供了更为丰富的教学资源，使教学过程更加生动有趣。然而，随着时代的发展，计算机多媒体教学模式在这方面的优势逐渐减弱，无法满足教育领域日益增长的需求。

其次，计算机多媒体教学模式在很大程度上提高了教学效率，使教师能够更好地进行课堂管理和学生辅导。然而，传统的教学模式在这方面的优势逐渐减弱，无法满足现代教育对个性化、差异化教学的要求。

再次，CAI 可以对教学内容的生动展示和深入解析，有助于提高学生的学习兴趣和积极性。但随着教育理念的不断创新，传统计算机多媒体教学模式在激发学生思考、培养创新能力方面的局限性逐渐显现。

最后，计算机多媒体教学模式在拓宽学生知识面、丰富学习体验方面具有显著优势。然而，随着网络技术的普及和智能设备的推广，学生在日常生活中已经能够轻松获取大量信息，这就使得计算机多媒体教学模式在满足新时代学生需求方面显得力不从心。

（五）人工智能技术在计算机网络教学中的应用

1. 智能决策支持系统

智能决策支持系统是 DSS 与 AI 相结合的产物。IDSS 系统的基本构件为数据库、模型库、方法库、人及接口等，它可以根据人们的需求为人们提供需要的信息与数据，还可以建立或者修改决策系统，并在科学合理的比较基础上进行判断，为决策者提供正确的决策依据。

2. 智能教学专家系统

智能教学专家系统是人工智能技术在计算机网络教学中的应用拓展。它的实现主要是利用计算机对专家教授的教学思维进行模拟，这种模拟具有准确性与高效性，可以实现因材施教，达到教学效果的最佳化，真正实现教学的个性化。同时，它还能在一定程度上减少教学的经费支出，节约教学实施所需要的成本。因此，在计算机网络教学中，教师应当充分利用智能教学专家系统带来的优势，降低教育成本，提高教育质量。

3. 智能导学系统的应用

智能导学系统是在人工智能技术的支持下出现的一种拓展技术，它维持了优良的教学环境，可以保障学习者对各种资源进行调用，保障学习的高效率，减轻学生沉重的学习负担。它还具有一定的前瞻性和针对性，能够对学生的问题以及练习进行科学合理的规划，并且可以帮助学生巩固知识，督促学生不断提高。

4. 智能仿真技术

智能仿真技术具有灵活性，应用界面十分友好，能够替代仿真专家进行实验设计和设计教学课件，这样能够大大降低教学成本，也可以节省课程开发以及课件设计的时间，缩短课程开发所需要的时间。在未来的计算机网络教学中，教师应当大力发展智能仿真技术，充分利用智能仿真技术带来的机遇，也要对信息进行强有力的辨识，避免虚假信息带来的干扰。

5. 智能硬件网络

智能硬件网络的智能化主要表现在两个方面。首先是操作的智能化，主要包括对网络的系统运行的智能化，以及维护和管理的智能化；其次是服务的智能化，服务的智能化主要体现在网络对用户提供多样化的信息处理上。因此，将智能硬件技术应用在计算机网络教学中是提高教学效率的必要选择。

6. 智能网络组卷系统

智能网络组卷系统的最大优点就是成本低、效率高、保密性强。因此，它可以根据教师给的组卷进行试题的生成，对学生进行学分管理，突破了传统的考试模式，节省了教师评卷的时间，是提高学生学习主动性以及积极性的有效措施。

7. 智能信息检索系统

智能信息检索系统主要是帮助学生查找所需要的数据资源，它的智能化系统能够根据使用者平时的搜索记录确定学生的兴趣，并且根据学生的兴趣主动在网络上进行数据搜集。搜索引擎是导航系统的重要组成部分，具有极大的主动性，并且可以根据用户的差异性提出不同的导航建议，是使用户准确获取信息资源的强大保障。从客观层面上来看，将智能信息检索系统应用到计算机网络教学中也是打造智能引擎、提高搜索效率的必要措施。

人工智能技术在计算机网络教学中的应用至今仍然不成熟，存在很多问题。为了适应时代的发展需要，教师想要科学有效地将人工智能技术应用到计算机网络教学中，必须进行不断的探索与创新，切实满足学生的需要，还要科学合理地把先进的科学技术与计算机网络教学结合起来，真正实现计算机网络教学的个性化与高效化，为提高教学效率、促进教学形式的多样化作出贡献。

二、人工智能时代的计算机程序设计教学

人工智能（AI）时代已经来临，高性能计算和大数据的快速发展为之提供了强大的动力。自 2006 年深度学习突破以来，它在图像分类和语音识别等领域

取得了显著成果，甚至在图像识别准确性上超越了人类眼睛。2016 年，谷歌的 AlphaGo 机器人击败世界围棋冠军李世石，标志着人工智能进入新一轮发展阶段，强势回归公众视野。人工智能正在全面融入人类生产和生活，成为继互联网之后的第四次工业革命推动力。自动驾驶、人脸识别、聊天机器人、工业和家居机器人、股票推荐等应用遍地开花。因此，无论是计算机专业还是其他专业的大学生，掌握人工智能知识和开发技能都至关重要。那么，人工智能时代的内涵究竟是什么？有哪些人工智能编程语言？在程序设计教学方面又应该做出哪些调整呢？

（一）人工智能时代的计算机程序设计背景

人工智能是一门研究、开发模拟、延伸和扩展人类智能的新兴科技，主要包括机器人、语音识别、图像识别、自然语言处理和专家系统等领域。它的发展离不开大数据和机器学习，这两者是其实现的主要途径。同时，计算机程序设计，包括算法和数据结构，在其中扮演了重要角色。可以说，人工智能的发展与计算机程序设计紧密相连。要了解人工智能时代对计算机程序设计的新需求，我们需要对机器学习和大数据有深入的理解。

机器学习（ML）是一门研究计算机如何模拟人类学习行为以获取新知识和技能的多学科领域，涉及概率论、统计学、逼近论、凸分析、算法复杂度理论等。其核心目标是让计算机通过对数据的分析和处理，自动提高性能、优化决策，从而实现自我学习和进步。在机器学习过程中，概率论和统计学发挥着重要作用。例如,ML 算法之一——GBDT（梯度提升决策树），就涉及概率论和统计学的知识。它是一种迭代算法，能训练多个弱分类器（弱学习器），然后将这些弱分类器结合起来，形成一个更强大的最终分类器（强分类器）。此外，机器学习中的优化问题也广泛涉及概率论和统计学，如凸优化问题和非凸优化问题。凸优化问题具有凸函数和凸集的特点，易于解决；而非凸优化问题则较为复杂，如主成分分析、神经网络、K 均值聚类、高斯混合模型等。

深度学习，深度学习是机器学习的一个分支，源于神经网络技术。它主要关注构建高层网络结构，能实现对复杂数据的抽象和理解。通过模仿人脑神经元的工作原理，深度学习算法可以在大量数据中自动学习并提取特征，进而进行预测和决策。深度学习的核心优势在于其强大的表示学习能力，随着网络层数的增加，深度学习模型可以学习到更丰富、更复杂的特征表示。这使深度学习在众多领域取得了显著的成果，如计算机视觉、自然语言处理、语音识别等。

大数据，作为机器学习的基石，其“大”的特征主要体现在数据量、数据到达速度以及数据类别三个维度。首先，数据量大可以体现为数据维度的高低或数据个数的多少；其次，针对数据高速到达的情况，需要采用能有效处理的算法或系统；最后，多源、非结构化、多模态等不同数据类别的特点也给大数据处理带来了挑战。值得注意的是，大数据与海量数据有本质区别。在其基础上进行机器学习，可以挖掘出隐藏在数据中的关联关系。换言之，大数据不仅庞大，还具有高速、多样性的特点，这使机器学习在大数据中的应用具有巨大的潜力和价值。

（二）人工智能时代的计算机程序设计语言

在人工智能时代，编程主要聚焦于研究和开发人工智能应用。虽然有很多编程语言可以用于人工智能开发，但并非所有语言都能有效地节省开发者的时间和精力。Python 作为一种简洁易用的编程语言，已在人工智能领域得到广泛应用。它能够无缝对接数据结构和其他常用 AI 算法，使 Python 成为开展 AI 项目的一个理想选择。其原因在于，Python 拥有丰富且有用的库，这些库在 AI 领域具有广泛的应用价值。一位 Python 程序员给出了学习 Python 的 7 个理由：

（1）Python 易于学习。作为脚本语言,Python 语言语法简单、接近自然语言，因此其可读性好，尤其适合作为计算机程序设计的入门语言。

（2）Python 能够用于快速 Web 应用开发。

（3）Python 能驱动创业公司成功，支持从创意到实现的快速迭代。

（4）Python 程序员可获得高薪。高薪反映了市场需求。

（5）Python 助力网络安全。Python 支持快速实验。

（6）Python 是 AI 和机器学习的未来。Python 提供了数值计算引擎（如 NumPy 和 SciPy）和机器学习功能库（如 scikit-learn、Keras 和 TensorFlow），可以很方便地支持机器学习和数据分析。

不做只会一招半式的“码农”，多会一门语言，机会更多。

（7）优秀的 AI 项目开发语言包括 Java、LISP、Prolog 和 C++。Java，作为一种面向对象编程语言，其高级功能、可移植性和内置垃圾回收机制使得它成为 AI 项目的理想选择；LISP 则因在 AI 领域的优秀原型设计能力和对符号表达式的支持而闻名；Prolog 作为一种逻辑编程语言，为 AI 项目提供了灵活的框架和基本机制，如模式匹配、自动回溯和基于树的数据结构化；C++ 作为速度最快的面向对象编程语言，适用于对速度要求较高的 AI 项目，如搜索引擎。根据项目需求，选择最适合的编程语言将有助于实现高效的 AI 项目开发。

（三）人工智能时代的计算机程序设计教学

人工智能时代的计算机程序设计教学在高校应该如何开展呢？下面，笔者给出一些初步的思考，供大家讨论并批评指正。

1. 入门语言

Python 作为编程入门语言是明智的选择。它简单易学，快速上手，能有效教授编程基础概念，同时能激发学生兴趣。与传统的 C 语言相比，Python 更易于掌握，可避免让学生产生对编程的恐惧。以 Python 为基础，学习面向对象编程语言如 C++ 或 Java 会变得相对容易。

2. 数据结构与算法

计算机程序设计 = 数据结构 + 算法。因此，在学习编程语言的同时或之后，我们宜选用与入门语言对应的教材。比如，入门语言选 Python 的话，数据结构与算法的教材最好也是 Python 描述。

3. 编程环境

理想的编程环境应具备以下特点：一是友好、简单、易用，能减少冗繁的环境配置工作，让学生等初学者能够轻松上手；二是集成度高，能在一个环境下完成编程周期的全部任务；三是支持跨平台和多编程语言；四是提供丰富的开发包资源。Anaconda 是一个编程集成环境，自带超过 1000 个数据科学软件包，已经被超过 450 万用户所使用。Anaconda 是一种基于 Python 语言的软件包，其中提供的交互式文档工具 Jupyter Notebook 功能十分强大。使用 Jupyter Notebook，用户可以把代码及其运行结果、文本注释、公式、绘图等内容集合在同一个文档中，并且随时可以进行修改。GitHub 上有很多有趣的开源 Jupyter Notebook 项目示例，可供大家学习 Python 时参考。

4. 案例教学

传统的计算机程序设计教材和课堂教学过于重视编程语言的语法，导致学习过程乏味无趣，同时也使学生难以真正领悟到实践应用的感受。因此，应用案例教学法，教师应在课堂上尽可能融入真实的项目进行授课。通过案例教学，学生能够更轻松地将理论知识与实际案例结合起来，深化对知识的理解，缩小课本知识与研发实际之间的差距。

5. 大作业

除了经常进行基本知识操作的训练，实验上机还应该安排至少一项重要的研究任务。小组的方式也可以用来完成大作业，例如由三名同学一起完成。这种做法有多重好处，一方面可以增强学生的实践应用能力和激发他们的成就感，另一方面也能够促进学生的团队合作和管理才能的提升。大作业要尽量做到涵盖各个领域内容，并尽量使用真实可靠的数据进行处理。

综合考虑，随着人工智能时代的到来，需要探索新的教学内容和教学形式，以满足新的需求。只有紧跟时代步伐、勇于尝试创新，才能使高校的计算机程序设计教学达到更高的教学水平，从而培养出适应不断变化的各行业需求的优秀研发人才。

第二节　基于云计算的高校计算机教学革新

一、云计算教学

（一）云计算教学的必要性

1. 云计算市场巨大

根据一家知名市场研究公司发布的最新报告，全球云服务市场继续呈现快速发展的姿态。近年来，中国的云计算年均增长率保持在 30% 以上，是世界上增长最快的市场之一。

2. 缺乏云计算人才

由于移动互联网和云计算的飞速进步，这一行业的人才短缺问题日益突出。许多知名企业都在寻求计算机人才的支持。在我国，云计算高等教育的发展相对较晚，人才培养的速度难以满足市场的庞大需求。然而，这并没有阻止毕业生们纷纷涌入云计算和移动互联网领域的知名企业，从事云或移动终端的研究与开发工作。展望云计算市场的庞大规模和发展速度，市场对云计算专业人才的需求必将更加迫切。

3. 国内外教育发展的要求

云计算专业早在 2006 年就已在美国的一些大学成立。谷歌是云计算技术的创始者之一，于 2006 年在美国推出了谷歌 101 计划。该计划的核心目标是培育大批云计算人才，其课程体系在大学中迅速普及。华盛顿大学、加州大学、斯坦福大学、麻省理工学院、卡内基梅隆大学和马里兰大学作为首批合作伙伴，纷纷设立了云计算相关专业。

中国第一个移动云计算软件工程硕士专业于 2010 年 8 月 14 日在北京航空航天大学软件学院设立，旨在培养相关领域的专业人才。由于教育部和相关机构的积极倡导，国内 50 多所高校如清华大学、北京大学、复旦大学等，也已经开设了云计算专业。

（二）云计算教学的形式

高校云计算教学可以分三个层次进行，有条件的高校可以开设云计算专业，或者在计算机相关专业中添加云计算方向，没有条件的高校可以开设云计算课程、讲解计算知识，引导学生进行云计算学习。

1. 开设云计算专业

云计算专业旨在培养实用工程师和高端人才，具备移动项目管理实战能力，以满足业务需求。这类专业主要针对综合性高校和计算机实力强大的理工科院校。在这里，学生将学习云计算、移动开发、软件服务和软件工程等相关理论和技能，并参与到商业应用软件服务产品的设计与开发中。通过加强云计算服务器及各类终端技术开发能力，该专业致力于培养实战型人才。为了实现这一目标，学校要系统性地进行云计算教育，让学生深入了解云计算技术及其在各领域的应用。在学习过程中，学生要掌握云计算、移动开发、软件服务、软件工程等相关理论和技术，并通过实际参与商业应用软件服务产品的设计与开发，锻炼自己的实战能力。此外，学校还要注重培养学生的创新能力和团队协作精神，以适应不断变化的云计算技术领域需求。通过项目实践、实验课程、企业实习等多种教学方式，学生要具备移动项目管理方面的实用技能和高端人才所需的素质。

当前，我国已在研究生层次开设云计算专业，例如北京航空航天大学。在各方机构的大力支持下，该校软件学院成功开设了我国首个移动云计算软件工程硕士学位项目。这一举措的目标是培养移动应用开发领域的领先者，从而进一步推动我国云计算产业的发展。

2. 增设云计算发展方向

条件不够设立云计算专业的理工类高校，可以在计算机相关专业中设置云计算方向，学生可以在掌握计算机基础理论和专业知识的基础上，进一步深入学习云计算相关课程，从而进入云计算领域。这一方向的核心目标在于培养学生具备系统研究云计算、移动开发、软件服务和软件工程相关理论及技术的能力。通过培养实际工程项目管理经验，我们希望学生能够成长为云计算服务端和各类终端技术开发领域的优秀人才。为了实现这一目标，学生在毕业前需要完成至少一个商业级应用软件服务产品的设计和开发。

3. 开设云计算课程

条件不够设立云计算的高校，可以建立云计算课程。云计算课程旨在为学生提供一个全面、系统的学习体验，使他们能够掌握云计算的基本知识、历史与发展、各种模式、平台建设技术及基本维护能力。通过学习，学生将具备扎实的云计算理论基础和实际操作能力，为未来在云计算领域的发展奠定坚实基础。

4. 满足教学需求搭建云计算实验平台

具备一定条件的学校和科研机构可以通过开源免费软件开发适应自己的云计算平台，条件不成熟的高校教学可以通过购买的方式建立云计算实验平台，从而更好地满足基础云计算教学任务的需求。

二、云计算环境下的计算机教学

（一）云计算在计算机教学中的重要性

1. 可以实现教学资源的共享

教育资源共享网络可以建立三个基本的结构，管理员可以利用云计算对这三个结构进行管理，管理员在管理系统时只需要在后台的终端管理机上进行操作即可，这样也大大提高了管理员的办事效率。高校要通过一个比较集中的管理网络，利用云计算共享的最大特点，对教育资源进行共享。同时，因为云计算的资源是非常丰富和新鲜及时的，所以它能更大程度地加大资源共享。

2. 有利于建立一个统一的教学资源库

高校通过对共享网络中所有的资源进行整合，利用云计算共享的基本特征，能建立起一个统一的教学资源库。计算机数字教学系统本来就是一个教学的工具，而学校安装数字教学系统的目的是方便教学，提高学生的学习积极性和自主性。教学资源库的建立能方便管理员对资源的查找和使用，根据教学资源库，教师也能更快地找出所需的资源，然后对资源进行共享。当教师或学生需要了解某一知识时，只需通过在拥有云计算的数字教学系统中的教学资源进行搜索，就能查到自己所需的内容。教学资源库也将大大提升教师的工作效率，方便教学，也能使学生的自主学习性提高。

3. 使教学模式更加多样化

云计算对接入方式的要求不高，只要身边有网络，无论是手机还是平板，都能使用；而且其接入的方式也多种多样，只要身边有一台能连接网络的终端设备，我们就能使用云计算将资源共享，并且同一个教育终端能同时供多个人使用。现在大多数学校都采取了大型开放式网络教学课程，而这种新的教学方式省去了传统需要携带课本和备课 U 盘的弊端，能使教学变得更加具有趣味性。大型开放式网络课程的运用，能让学生自由支配自己的学习时间，还能使学习的场地不仅仅局限于教室，同时云计算对于计算机硬件的要求也不高，这些优点能让云计算被更多的人所熟知，并且真正被运用到教学中去，让移动教学和办公不再成为道听途说，而是成为一项能运用到生活中的很普遍的新的并且高效便利的教学方法。

4. 提供高效、方便的教学平台

云计算具有大量的存储空间，教师可以把教学备案、备课课件、教学管理以及学生的成绩管理存储到装有云计算的设备中；学生也可以把教师平常布置的作业上传到云计算计算机教学系统中；教师也能通过这个平台对学生的作业进行批改和参考，并且对作业进行评价。同时学生也能通过这个系统对教师的教学进行评价，教师也能通过云计算教学系统的后台对学生学习时间的峰值和作业完成情况进行查看，以根据这些数据对学生进行了解和评估，并且针对各个学生的情况进行教学策略的调整。

（二）云计算在计算机教学中的应用

1. 激发学生自主能动性

百度云为教师能提供一站式教学资源管理平台，包括文本、附件、日历、视频和音乐等。教师可以轻松创建团队网站，实现资源共享。百度云像一个网络服务器和数据库，可为教学活动提供强大支持。教师可从百度云挑选适合的资源进行教学，学生则能自主选择学习内容、时间和方式。系统日志可记录学生学习情况，从而为教学反馈提供依据。通过分析日志，教师能了解学生学习模式、特点和不足，调整教学策略，制订个性化教学计划。借助云计算技术，计算机基础教学能提升学生认知能力、接受程度，缩短学习时间，优化学习环境，并培养其创新能力。

2. 提高学生实际应用能力

通过云计算技术支持的虚拟社区，教师可为学生打造一个高效、灵活的学习空间。在这个空间里，学生可以随时随地参与交流和互动，节省时间、拓展空间。同时，虚拟社区能为学生提供便捷的求助渠道，让他们可以向同学和教师寻求帮助。教师则能全面掌握学生的学习情况，实现精准评估，提升教学质量。云计算技术能为虚拟社区建设注入强大动力，助力学生高效学习。

3. 综合评价学生

云计算技术在教育领域的应用为学生和教师带来了诸多便利。通过将教学与学生的学习紧密联系，教师可以更好地了解学生的学习状况，从而实现精准评估。借助云计算平台，教师和学生可以免费搭建网站，无须承担高昂的维护成本。在此基础上，只要遵循信息化教学标准和需求、整合计算机教学资源，教师就能为学生提供全面、系统的学习材料。云计算技术还能为学生提供随时随地进行教学活动的能力。在云计算的帮助下，学生可以摆脱传统教学的时间和空间限制，从而更加灵活地安排学习进度。

（三）云计算在计算机教学中存在的问题及对策

1. 存在问题

云计算在计算机教学中存在的问题归结起来主要有以下几个方面。

（1）教学资源配置不平衡

在我国，基于云计算的信息技术教育教学平台建设在地域上存在明显的集中趋势，而这种现象导致云计算教育资源在全国范围内的不均衡分布。经济发达、教育水平高的地区如北京、上海、广州等，拥有较多的云计算教育教学资源；而其他地区，特别是经济欠发达地区，云计算教育资源相对匮乏。

（2）教学资源更新成本高

云计算，作为信息时代的产物，在教育教学领域的重要性日益凸显。然而，其应用的推广和实施却面临着一定的困难。其主要问题在于，云计算的采纳和应用需要相应的计算机设备和实验室，而这类设施的一次性投资成本高昂，再加上技术的更新速度快，这无疑给学校使用云计算平台带来了较大的经济压力。为了解决这个问题，必须紧跟计算机技术的发展趋势，不断调整和优化云计算在教育领域的应用策略。这就需要一方面提高云计算的利用效率；另一方面也要积极寻求经济的解决方案，以降低成本，提高效益。

（3）标准应用与实现方法不统一

云计算在教育领域的应用尚无统一标准和实施策略。我国在云计算教育的研究与开发中，主要关注理论教育，而对实践教育平台的建设明显不足。一个理想的云计算教育教学平台应具备教育资源整合与开发的能力，能对现有资源进行再开发与构建，能提高资源利用效率，并能实现与云计算技术的紧密结合。

（4）教学方法不科学

当前，我们必须适应社会发展的需要，中国的计算机教学方法也必须尽快更新。在传统的教学方法下，大部分计算机教学操作课程的步骤都是由计算机教师安排的，根据计算机教师的要求，学生在规定的时间内完成计算机操作的步骤。然而，在大数据时代，完成规定时间的任务并不是社会对计算机专业人才的需求，而是在工作中，计算机专业人员要将他们所掌握的实践能力和理论知识结合起来，解决问题，不断提高业务水平。

（5）实验教学不完善

在目前的实验教学背景下，对于云计算和大数据的实验教学，我国计算机教学还处于熟悉和探索的阶段。由于学生对云计算平台的理解不够全面，他们对云计算平台的掌握程度受到很大的限制，计算机教学的结果也受到了负面影响。实验教学不够完善，不符合社会发展的需要，教学过程中经常出现脱节现象，这阻碍了我国学生计算机水平的快速提高。

2. 对策

云计算在信息技术教育中的应用是未来教育改革和教育现代化的必然趋势。因此，教育教学机构必须有效地分析教育教学中云计算应用的实际情况，并采取有效的措施来实现云计算教学，使之成为信息技术教育教学中不可或缺的辅助教学手段。

（1）加强统筹规划

政府和管理机构应根据当前形势，对云计算进行全面规划，考虑各地和教育机构的实际情况，制定教学资源配置的实施方案，以确保云计算在教育教学中发挥核心作用，而非沦为边缘技术。

（2）加强云计算信息技术教育与企业研发的合作

企业具备的资金优势，使它们可以推动云计算设备的更新换代，进而为教学机构提供先进的技术支持。在此基础上，企业与云教学机构展开合作，共同推进人才培养和科研创新。这种模式不仅有助于高校提升教育质量，还能为企业输送大量优秀人才，实现双方共赢。

（3）加强云计算环境建设

我国各地教学水平发展不平衡的现状已成为教育领域的一大挑战。为解决这一问题，我们建议实施“分区建设”策略。这意味着，各地区管理机构需根据当地实际情况，制订针对性计划，以实现全国高校云计算信息技术教育与教学的统一。

在这个过程中，云计算环境的构建至关重要。通过强化云计算环境，我们可以确保各地高校在信息技术教育与教学方面享有同等优质资源。此外，云计算环境还能够提高教育质量、促进教育公平，并为实现教育资源的均衡发展奠定坚实基础。

三、云计算在计算机教学中的创新应用

云计算辅助教学是教育行业在探索教学改革过程中，借助计算机辅助教学技术，将云计算技术与教育教学相结合的一种新型教学方式。通过利用云计算的强大存储和计算能力，教育者可以轻松地创建、存储和共享教学资源，实现个性化教学。同时，云计算辅助教学还可以为学生提供丰富的在线学习资源，激发他们的学习兴趣，提高其学习效率。

（一）传统的计算机辅助教学

传统计算机辅助教学是一种教育方法，其核心是利用计算机的性能和特点，结合多媒体技术和教学环节，通过人机互动，激发学生的积极性，提高教学效果，并协助学生实现学习计划。在这个过程中，教育工作者扮演着关键角色，他们巧妙地利用计算机的各种功能，为学生创造充满活力的学习环境。

随着计算机和互联网的广泛普及，人们越来越期望计算机在生活和学习中扮演更为重要的角色，而不仅仅是执行一些简单操作。对于学校和教育机构来说，如何充分利用计算机资源，已经成为亟待解决的问题。然而，早期的计算机辅助教学模式似乎已经陷入了发展的瓶颈，因此，现代教育急需一种新型的教学模式，为教育领域注入新的活力。

（二）基于云计算的计算机辅助教学

通过云计算技术，可以实现教学资源的共享和优化配置，打破时间和空间限

制，让教育触达每一个角落。同时，云计算的无限存储能力为教育教学提供了强大的后盾，使教师可以更好地进行教学管理和学生可以更加便捷地进行学习。此外，云计算还支持实时互动和在线协作，有助于教师培养学生的团队精神和抽象思维能力。

教育领域正在经历一场变革，其中，云计算技术的应用已成为教育的崭新标志。这种创新的教学模式不仅极大地提高了教学效率，更是实现了个性化教育，能满足每个学生的个性化需求。随着云计算技术的不断进步，教育资源的共享和优化得到了进一步推动，从而使教育变得更加公平和高效。

云计算辅助教学平台如同一股强大的力量，正在深刻地改变着教育行业的面貌。它提供了丰富的教学资源，使教师能够实时在线教学，学生也能随时随地学习，这无疑极大地提高了教育的便捷性。更重要的是，它还为我国教育质量的提升提供了强大的支持。未来，随着云计算技术的进一步发展，我们可以预见，教育将迈向更加智能化、个性化的方向。通过大数据分析和人工智能技术，每一个学生都能得到个性化的学习方案，从而享受到更优质的学习体验。这不仅能够提高学生的学习效率，也有利于教师培养他们的创新能力和综合素质。

教育技术正在得到计算机技术的快速发展和普及的推动，特别是云计算辅助教学，已经成为当前教育领域的一个重要趋势。这种趋势通过利用云计算服务环境和虚拟技术，在云平台上进行教学设计，能实现教学系统的信息化。这种信息化改革不仅有助于节省学校的教育教学费用、降低人力和设备投入的成本，同时也能提高教育信息的安全性，使教学管理变得更加便捷。此外，云计算辅助教学还为学生提供了更灵活的学习方式，使他们能够随时随地学习计算机知识，提升自身的思维能力。全球众多高校和 IT 网站都已经开始投入云计算辅助教学系统的设计和开发，这充分证明了云计算辅助教学的重要性。可以看出，云计算辅助教学不仅改变了教育的方式，也提升了教育的质量，是未来教育发展的重要方向。与传统的计算机辅助教学平台相比，云计算辅助教学平台具有以下优势。

云计算辅助教学相较于传统计算机辅助教学，具有更高的便利性和快捷性，因为它可以突破地域限制，学习者能随时随地获取所需教学资源。这主要归功于云计算技术依赖虚拟化技术，能实现资源共享。借助云计算，学习者可以共享笔记、学习经历和教育资源等，充分利用有限资源。

此外，云计算辅助教学在经济性方面也表现得十分突出。首先，在初期，用户只需租用存储空间和软件许可，无须购买单独设备和软件，从而大大节省了资金；其次，在中期，云计算平台提供了数据安全保护，进一步降低了数据维护投资。这对学习者和教育机构来说，无疑是一个极大的利好。

（三）云计算辅助教学平台的设计

首先，需要对计算机应用基础的教学内容进行深入研究，以确保教学目标的设定具有准确性。这是构建计算机辅助教学平台的第一步。接下来，要设计出适应这些教学目标的教学方法。这种方法需要兼顾理论知识的学习和实践操作的训练，能让学生在实际操作中理解和掌握计算机应用的知识。其次，需要将学习内容划分为不同的模块，让学生从基础到高级，逐步理解和掌握计算机应用的基本知识和技能。在此过程中，需要提供丰富的学习资源，包括软件和硬件设备，以帮助学生获取更多的实践机会，提升他们的学习效果。最后，需要对学生的学习成果进行评价，这可以通过评价他们完成学习任务后创作的计算机应用相关作品来实现。通过这种方式，可以了解学生的学习成果，发现他们的不足，并及时给出反馈和指导，帮助他们进一步提高。设计的具体功能模块如下。

1. 部分功能

论坛功能的目的是构建一个师生互动的空间，在这里，他们可以针对计算机应用进行交流和讨论，同时，论坛也会记录师生的登录和停留时间等信息。资源库的主要作用是实现学习资料的共享，教师可以上传计算机应用基础课程的视频和 PPT 课件，学生则可以自由下载这些资源。此外，学生还可以在这个平台上展示自己的作品。

2. 前期准备模块

在论坛上，学生可以自由搭配组成计算机学习小组，并为小组取上独特的名字。然后，在每个小组中选举产生组长，由组长负责带领团队完成计算机任务。此外，组长还在组名下创建数据库，供组员自由下载或上传学习资料。

3. 合作学习模块

该学习模块分为三个阶段，可以将之概括为：团队合作与知识整合、反思与梳理、作品评估与测试。这三个阶段环环相扣，旨在构建一个全面、多层次的学习体系，助力学生高效掌握知识、提升能力、培养自主学习精神。第一阶段，团队合作与知识整合，是学习的基石。在这个阶段，学生充分发挥团队协作的力量，积极参与小组讨论，分享资源和观点。通过这种方式，学生能够加深对课题的理解，拓展视野，培养沟通与协作能力。教师在此过程中起到反馈和指导的作用，需要针对学生的疑问和困惑给予解答，引导他们走向正确的学习路径，确保学术方向的准确性。第二阶段，反思与梳理，这是对第一阶段学习成果的总结和反思。学生需要整理学习日志，记录学习过程中的点点滴滴，包括心得体会、遇到的困难和解决的方法等。这有助于提高自我认知和分析能力，为今后的学习提供有益的借鉴。教师在这个阶段的任务是鼓励和指导学生，帮助他们发现自己的优势和不足，为下一阶段的学习提供有针对性的建议。第三阶段，作品评估与测试，旨在促进学生持续学习和改进。学生在这个阶段需要展示自己的作品，接受师生共同评估。评估结果为学生提供反馈，教师要帮助他们了解自己在学习过程中的成长和待提高之处。同时，教师要对优秀作品给予奖励，激发学生的学习积极性。测试则确保学生对所学知识的掌握，为今后的学习打下坚实基础。

总之，这三个阶段相互关联，共同构成了一个全方位、多层次的学习体系。通过这个体系，学生能够在团队合作中深化知识理解、通过反思与梳理提高自主学习能力，以及在作品评估与测试中不断改进和提升自己。这样的学习模式有助于培养学生的综合素质，能为他们的未来发展奠定坚实基础。

4. 整合拓展模块

在教师的指导下，学生们组成团队共同拓展知识范围，加强实践应用，并传承合作精神。教师要在恰当的时间发布统一的试卷，以便在线考试来检测学生的学习成果。同时，教师还要实时批改作业，了解学生的学习状况，从而帮助他们实现自我提升。

目前，利用云计算来辅助教学已经成为信息教育技术领域的一个前沿趋势。这门新兴学科是高度技术化的，并且具有巨大的发展潜力。近年来，国外教育机构积极尝试并广泛实践和应用各种方法和研究。目前，我国在云计算技术方面的研究还相对较少，尤其是在利用云计算技术进行教学方面的应用仍处于探索阶段。与此同时，各国也致力于推动低碳教育，以适应经济社会发展的需求。在中国，根据国家中长期教育改革和发展规划纲要的规定，我国未来十年将加强教育信息化，以提升教育质量和发展素质教育；将致力于普及数字化教育服务到全国各级学校，同时搭建一个更加灵活和开放的公共教育资源服务平台。由于云计算的低碳高效特性，它将会成为推动教育信息化进程的关键支撑。

第三节　基于项目教学法的高校计算机教学革新

一、项目教学法应用于计算机教学的优势

项目教学法与计算机文化基础课程的结合，是一种创新的教学方式，旨在最大化教学和学习效果。这种结合能推动学校和专业教育活动的高度融合，有力地促进学生的学习和发展。相较于传统教学模式，项目教学法更注重教师和学生的共同参与和合作，从而能打破单调被动的教学格局，提升师生的进步空间。在传统的教学模式中，教师为中心的地位使理论知识成为主导，实践性活动相对较少，这在一定程度上限制了学生的全面发展。而项目教学法则将重心转向教师与学生的互动合作，力求激发学生的主动性和创造性。通过这种方法，计算机文化基础

课程的教学变得更加生动有趣，有助于提高学生的学习兴趣和动力。此外，项目教学法强调实践性，强调让学生在实际操作中掌握知识，提高技能。在计算机文化基础课程中应用项目教学法，可以使学生在实践中深入了解计算机科学原理，从而培养他们的动手能力和解决问题的能力。这种教学方式有助于高校培养适应社会需求、具备实际操作能力的计算机专业人才。

（一）提升学生实际应用能力

地方高校将计算机文化基础列为公共课程，是为了培养更多具备计算机专业素养的人才，以满足社会对计算机领域的需求。通过学习该课程，学生将掌握计算机基本概念、相关知识点及原理，并在实践中提高自己的应用能力。该课程的教学目标在于使学生熟练运用计算机知识，为他们未来的职业生涯和日常生活奠定坚实基础。

（二）实现学生综合能力培养

教学模式应以学生为主导，教师的角色应相对减弱。在项目中，学生以核心地位制订个人计划，通过组建小组，共同研究，自主决定执行策略。教师的角色更像是一个引导者、组织者，让学生自行掌握学习节奏和方式。这种教学方法旨在提升学生的成就感，提高其学业成绩，培养其团队协作精神，并为他们将来的合作和沟通打下基础。在这种教学模式下，学生能够充分发挥主观能动性，自主制订学习计划，通过集体讨论和研究，找到最适合自己的学习策略和方法。教师则从传统的传授者转变为引导者和组织者，需要为学生提供必要的指导和帮助，让学生在自我探索和实践中获得知识。这种教学方式不仅有助于提高学生的学习成绩，更重要的是，它能培养学生的团队精神和协作能力。在项目实施过程中，学生需要相互协作，共同解决问题，这无疑为他们将来的团队合作打下了坚实的基础。同时，这种教学方式也能让学生在实践中掌握自我学习的能力，从而提升他们的自主学习意识。

（三）提高学生探索能力

计算机课程作为具有创新性和发展性的现代化项目，旨在培养学生解决各类问题并锻炼其思维创造性的能力。在项目完成过程中，不断优化和调整策略是至关重要的，这有助于培养学生的分析能力和创新精神。在这个过程中，教师鼓励学生独立思考，获得自主发现和解决问题的乐趣，可以减少学生对教师和教材的过度依赖，进一步培养他们的创新精神。项目教学法强调让学生自由表达观点，通过讨论和合作共同解决问题，从而营造出一种融洽且轻松的学习环境。这种环境有利于激发学生的积极性，促使他们勇于创新。在计算机课程中，学生不仅可以锻炼自己的思维能力，还可以在实践中不断提升自己的技能和知识水平。

（四）拓展学生思维能力

项目教学法是一种创新的教学方式，其主要特点是以实际项目案例为核心，鼓励学生积极参与，通过设计学习方案、收集特定信息，并完成任务评价。这种方式将理论知识与实际操作相结合，能使学生在实践中激发主动性，更加积极地探讨、思考和解决问题。项目教学法不仅有助于学生深入理解相关知识、提高计算机应用能力，还能在实践中培养业务技能，丰富实践经验，并提升沟通能力。这种教学方法对学生未来的学习和职业生涯具有积极的影响。简而言之，项目教学法是一种以实际项目为依托，能引导学生积极参与、激发学生主动性的教学方式。通过这种方式，学生可以更好地理解和应用知识，提高实践技能，为未来的学习和工作打下坚实基础。

二、项目教学法应用于计算机教学的关键问题

项目教学法在本土化的过程中还存在着一些不可回避的关键问题，包括各小组发展的不均衡、忽视了学习过程的评价、课程项目设置时间的不合理以及计算机教师与专业教师的“两张皮”等[①]。

① 周颖．项目教学法在师范院校《计算机文化基础》教学中探索与实践 [J]．计算机光盘软件与应用，2014（17）：217-218.

（一）注重小组间的均衡发展

要实现高效合作，首先要确保任务分配的公平性，避免过度集中在某个成员身上；其次，要加强组内沟通与交流，确保每个成员清楚自己的职责和任务；最后，要培养成员间的信任与默契，共同为目标努力，以提高工作效率和团队氛围。

（二）注重学习过程的评价

评价学生时，我们应关注他们在完成任务过程中的成长，而不仅仅是关注其最终的作品。作品质量固然重要，但学习过程中的收获同样值得重视。即使学生的作品未达到预期，只要他们在学习过程中真正掌握了知识和技能，那么这次尝试就不是失败的。它可能为学生积累宝贵的学习经验，为其未来的成长奠定基础。

（三）计算机教师与专业教师之间的问题

就传统教学模式而言，教师只需要负责自身专业领域的教学和深化学习，无须和其他专业领域的教师进行业务交流。但是，项目教学法所涉及的领域较为丰富，只凭借教师自身的领域恐怕难以完成全部的教学工作。所以在运用此种教学方法时，各领域教师应当积极交流和沟通合作。例如，不同专业的教师应当积极学习有关计算机应用技术的相关知识，并在教学过程中逐步引入此方面内容[①]。

三、项目教学法应用于计算机教学的举措

（一）计算机教师与专业教师相结合

在计算机课程教学中，教师的角色是引领和辅助。在教学初期，由于学生对课程知识较为陌生，教师应该采用项目案例的方式进行教学。通过生动的演示和讲解，教师要引导学生熟悉教学内容，使抽象的概念变得具体易懂。这些项目案例不仅生动形象，还能帮助学生自主理解和掌握计算机基础知识。在接触这些教

① 杜利农．项目教学法在计算机文化基础课程教学中的应用．计算机时代，2016（8）：79-81.

学材料后，学生会产生求知欲和学习兴趣，跟随项目案例的引领，逐步掌握计算机基础知识。

（二）采用问题式项目案例的模式

将提问环节融入计算机课程教学，是一种有效的教学模式。它通过设置与专业相关的问题，能够引导学生进行交流和讨论，进而解决问题。这种教学方式有助于激发学生的学习兴趣，丰富教学内容，提高注意力。同时，它还能让学生在直接理解知识点的过程中，提升实践能力，从而提高综合素质。这种教学模式的特点在于，教师将专业知识与实际问题相结合，能够引导学生主动思考和探索。在这样的环境下，学生不仅能够更好地理解和掌握知识点，还能培养自己的解决问题的能力。而且，通过提问和回答的过程，教师可以及时了解学生的学习情况，对教学进行调整，使教学效果达到最佳。

（三）采用兴趣式项目案例的模式

在教学过程中，教师需关注激发学生兴趣的重要性，因为兴趣是激发学生积极学习的动力。通过开展有趣的项目案例活动，教师可让学生在轻松愉快的氛围中学习，从而提高学习效率。此外，教师还需注重实践能力的发展，要让学生将所学知识运用到实际生活中，实现学以致用。为了提升整体学习能力，教师应选取能吸引学生关注的内容进行针对性教学。这样，学生才能更好地投入到学习中，提高学习效果。教师还需关注学生的个体差异，因材施教，使每个学生都能在课堂上得到充分的发展。

（四）坚持以工作过程为导向

建构主义的项目教学法以学生为核心，通过实践项目促使他们主动学习，进而提升他们的自主学习能力，并使他们将所学应用于专业领域，从而产生积极的效果。在此基础上，学生不仅能掌握计算机知识和技能，还能学会相应的学习策略，从而为今后的学习和工作奠定坚实基础。

参考文献

[1] 席宁 . 计算机教育移动网络课堂发展探究 [M]. 成都：电子科技大学出版社，2019.

[2] 曹灏柏 . 新时期计算机教育教学改革与实践 [M]. 北京：北京工业大学出版社，2019.

[3] 张成琦，李立 . 计算机教育移动网络课堂的发展探究 [M]. 成都：四川大学出版社，2018.

[4] 陈琼 . 中国高校计算机教育 MOOC 联盟建设课程福建省线上一流课程配套教材 MS Office 高级应用与设计 [M]. 厦门：厦门大学出版社，2022.

[5] 邓丹君，伍红华 . 普通高等教育计算机类系列教材 Java 程序设计 [M]. 北京：机械工业出版社，2022.

[6] 浙江省高校计算机教学研究会 . 计算机教学研究与实践 2018 学术年会论文集 [M]. 杭州：浙江大学出版社，2018.

[7] 潘力 . 计算机教学与网络安全研究 [M]. 天津：天津科学技术出版社，2020.

[8] 李素霞 . 计算机教学实践 [M]. 成都：电子科技大学出版社，2017.

[9] 李占宣，郑秋菊，王晓 . 主体参与教学研究以计算机教学为视角 [M]. 北京：光明日报出版社，2021.

[10] 陈国良 . 中国高校计算机教育发展史 [M]. 北京：高等教育出版社，2022.

[11] 胡军民，李乳演，刘智珺 . 计算机组成原理课程“两性一度”教学探索 [J]. 黑龙江科学，2023，14（19）：85-87,91.

[12] 吕洪柱，刘相娟，傅保伟，等 . 新工科背景下大学计算机线上教学效果分析 [J]. 高师理科学刊，2023，43（10）：82-85.

[13] 刘奇付 . 现代教育技术在高校计算机教学中的应用 [J]. 中国高校科技，2023（10）：105-106.

[14] 陈红红 . 线上线下混合式教学模式在《计算机数学》课程教学中的实践研究 [J]. 才智，2023（30）：69-72.

[15] 王珂，刘文艳，王宇，等 . 基于 Cisco Packet Tracer 的虚拟仿真软件在“计算机网络技术”实验教学中的应用研究 [J]. 中国信息技术教育，2023（20）：86-90.

[16] 孙宇梁 . 电子技术与计算机仿真结合的教学研究：评《模拟电子技术基础计算机仿真与教学实验指导》[J]. 中国科技论文，2023，8（10）：1175.

[17] 张翼 . 计算思维导向下的计算机教学方法创新 [J]. 信息系统工程，2023（10）：146-149.

[18] 贺丽娟 . 新时期下计算机应用基础实战化教学误区分析 [J]. 信息系统工程，2023（10）：174-176.

[19] 王学谦 . 高校计算机教学中现代教育技术的应用分析 [J]. 现代职业教育，2023（29）：158-161.

[20] 张海燕，邹立仁，高树风 .OBE 理念下计算机网络课程教学改革研究 [J]. 科技风，2023（28）：97-99.

[21] 田鑫雨 . 基于 Vue 框架的计算机教学预约系统 [D]. 西安：西安电子科技大学，2023.

[22] 韩婧 . 任务驱动教学法在中职信息技术专业教学中的应用研究 [D]. 太原：山西大学，2021.

[23] 朱丽 . 任务驱动教学法在中职计算机课程教学中的应用研究 [D]. 咸阳：西北农林科技大学，2018.

[24] 袁婷婷 . 分层教学法在中职计算机课程教学中的应用研究 [D]. 上海：华中师范大学，2016.

[25] 杨莉杰 . 高校计算机实用软件类课程教学中发挥学生主体性的教学模式研究 [D]. 上海：华中师范大学，2015.

[26] 罗练 . 任务型教学法在《计算机基础》教学中的应用研究 [D]. 长沙：湖南师范大学，2014.

[27] 丁林婷 . JITT 教学模式及其在高职计算机教学中应用研究 [D]. 福州：福建师范大学，2014.

[28] 陈静 . 概念图 / 思维导图在计算机教学中的应用研究 [D]. 南宁：广西师范学院，2012.

[29] 张晶 . 基于项目的学习在中职学校计算机课程中的运用研究 [D]. 北京：首都师范大学，2008.

[30] 胡晓红 . 应用“任务驱动”教学提高学生计算机操作能力的研究 [D]. 北京：首都师范大学，2005.